블로드라이 & 업스타일

[Blowdry & Upstyle]

김혜경 · 김신정 · 김정현 · 권기형 · 유선이 · 유의경
이윤주 · 송미라 · 강영숙 · 강은란 · 정용성 공 저

光文閣
www.kwangmoonkag.co.kr

머리말

우리의 일상생활 중에서 의 · 식 · 주의 기본 생활의 영역을 넘어서 문화 생활의 외적인 표현 방법 중의 첫 번째로 각자의 특성과 개성을 다양하게 표현하는 미용을 들 수 있다.

현대의 소비자들의 욕구는 다변화되고 있으며 미용 전문인들의 테크닉은 점점 평준화되어 정확한 테크닉을 배우고자 하는 예비 미용인들의 숫자도 늘고 있다.

미용은 크게 헤어, 피부, 메이크업으로 구분하고 있으며, 헤어 미용 중에서 드라이와 업 스타일의 연출은 헤어 스타일의 일시적인 변화에 의한 여성의 외형적인 멋을 가해 아름다움을 극대화하여 표현함으로써 소비자들의 만족감을 성취해 줄 수 있는 매뉴얼이다. 그런데 과거의 미용 시술은 기능직에 속하여 선배들의 시술 시에 어깨너머 눈으로 익혀 그대로 모방해 내는 것이 고작이었으나, 1990년대에 들어서 동주대학을 선두로 각 전문대학에 미용 전공과가 개설되었다. 미용을 배우려는 젊은 학생들은 학원이나 사설 기관보다 대학에서 전공으로 학습하여 전문인으로서의 자질을 향상하고, 미래에 후학을 양성하는 교육자의 길을 희망하고 있다.

이 책은 미용 전공 전공인이 반드시 갖춰야 할 기초 이론과 실습을 병행할 수 있도록 편집했다. 드라이와 업스타일을 연출하기 위한 필수 사항인 가장 기본적인 내용만을 수록하였고, 모든 실기 테크닉은 가발을 이용한 시술 방법을 수록하여 수업받은 테크닉을 반복하여 복습할 때 일치감을 공감함으로써 학습에 대한 의지력과 실기 교사의 자질 향상에 중점을 두었다.

그러나 쉽고 빠른 테크닉으로 익힐 수 있는 방법을 제시하려고 노력하였지만, 교육 매체 개발 교재를 편집하고 보니 아직 부족한 점이 많아, 간절한 충고를 바라면서 앞으로 더 나은 교재로 재집필되기를 기대한다.

끝으로 출판을 위해 심혈을 기울여 주신 광문각 출판사 박정태 사장님과 임직원들께도 깊은 감사를 드린다.

2007년 2월

저자 일동

Contents

Chapter 3 | 블로 드라이 디자인의 기본과정

Chapter 4 | 블로 드라이의 기본 테크닉

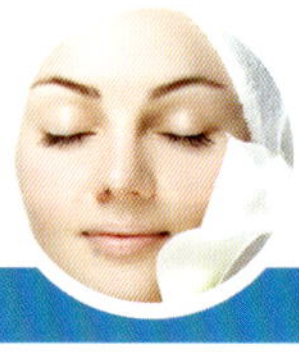

Contents

Contents

Chapter 12 | 업 스타일의 실제

Blowdry & Upstyle

PART-Ⅰ
드라이 편

Chapter 1

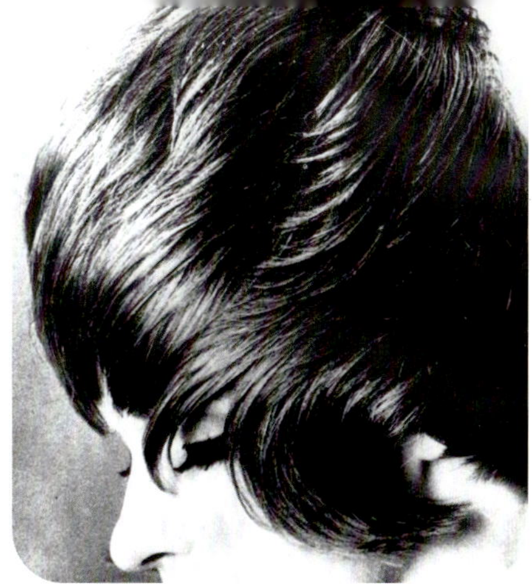

블로 드라이(Blow dry) 개요

1. 블로 드라이의 개념과 역사

블로 드라이(blow dry)란 살롱에서 핸드 드라이(hand dryer)와 브러시(brush) 등을 사용하여 고객의 만족한 헤어 스타일을 창조해 내는 마무리 작업이다. 퍼머, 커트, 염색 시술 등의 형태가 만들어진 스타일을 마무리하기 위하여 미용 업무에서의 가장 기본적이면서도 완벽함을 요구하는 중요한 테크닉으로써 블로 드라이 시술의 3대 요소인 natural active clean의 이니셜을 따 NAC(나크)라는 약자로 표현하기도 한다.

드라이 시술은 1966년 프랑스에서는 브러싱(브러싱)이라는 이름으로부터 시작되었다. 1970년대에 롤카 미용실의 소유자인 모와누 부인에 의해서 brushing이라는 이름으로 특허를 내었고, 그 해의 CIC 바로셀로나 대회에서는 아방가르드(avangard)로 칭해졌으며, 이와 동일한 시기에 영국에서는 비달사순(Vidal Sasson)에 의해서 적극적인 사회 참여로 인한 많은 젊은 여성들 사이에 간편하고 자연스러운 소재인 커트 앤 블로 드라이(cut & brow dry)가 인기를 얻기를 시작하였다.

우리나라에서의 블로 드라이 시술은 1960년대 중반 이후 급격히 보급된 현대 미용의 테크닉이다.

헤어 스타일에 관한 관심은 1900년도를 전후로 외국의 문명이 유입되면서 시작하였다. 지식층에서 일본이나 그 밖의 여러 나라에 유학하면서 남성의 상투, 여성의 쪽진 머리가 실용적이 아니라는 것을 깨닫게 되어 긴 머리를 자른 것이 현대 미용의 시초이다. 1933년 처음으로 미용실이 생겨나 극히 일부 층에서만 이용하였는데, 이러한 변화는 여성들의 사회 참여와 함께 급속도로 확산되었다.

그리고 헤어 스타일을 구사하기 위한 아이론(iron)에만 의존해 오던 것을 1970년대에 일본을 통하여 드라이어가 도입되었으며, 아이론이 모발에 나쁜 영향을 끼치게 됨을 인식하면서 1980년대에 드라이어 사용이 확산되어 오늘날에 이르렀고, 현재는 어느 가정에서나 일반화된 미용 기구의 하나라 할 수 있다.

80년대 초 살롱의 드라이 시술 모습

2. 블로 드라이의 목적

짧은 시간 내에 조형적이면서 자연스러운 질감을 표현하기 위하여 드라이어로 건조시키고 핸드 드라이어(콤 드라이어, 적외선 드라이어)와 각종 브러시를 사용하여 텐션에 의한 모류의 윤기, 방향, 볼륨감 등을 원하는 형으로 하여 외부 자극에 의한 손상으로 손실된 모발의 윤기와 탄력을 단발적으로 재생할 수 있다.

3. 드라이 시술에 필요한 도구의 종류

1) 핸드 드라이어(Hand dryer)

핸드 드라이어로 컬을 만들 때 젖은 모발을 빠른 시간에 건조하거나 헤어 스타일을 완성하는데 필요한 바람(냉풍, 온풍, 열풍 혹은 강, 약)을 조절할 수 있도록 되어 있어 스타일을 연출함에 있어서 가장 필수적인 도구이지만, 과도한 사용으로 모발이 갈라져 윤기를 잃게 하는 모발 손상의 원인으로 작용하기도 한다.

이상적인 드라이어는 너무 무겁지 않고 찬바람과 더운 바람이 순간적으로 교체될 수 있으며 이온을 발생하여 머릿결에 손상을 줄일 수 있는 심플한 디자인의 것이 이상형이다.

(1) 드라이어 바람의 종류와 기능

바람의 종류	기능
열풍	컬이나 웨이브 또는 직선형을 만듬
온풍	시술 시 모발의 풍으로 인한 모발의 날림을 방지하거나 모발 스트랜드에 브러시 자국을 남길 우려가 있는 경우에 사용
냉풍	컬을 고정시킴

(2) 노즐(Nozzles)

드라이어의 출구에 끼워 사용함으로써 팬에서 내준 바람을 노즐의 형태대로 모아 주기 때문에 컬의 방향을 바꾸거나 명확한 형태를 구사하기 용이하다.

(3) 디퓨저(Diffuser)

노즐과 마찬가지로 원통의 노즐에 조그만 구멍을 내어 바람이 일시에 나오는 것을 막고, 자연스럽게 바람이 나와서 모발의 웨이브는 그대로 유지시키면서 모근이나 모발 표면에 균일한 바람을 전달하여 자연스럽고 풍성한 볼륨을 낼 수 있는 도구이다. 모량이 적을 경우 손가락을 이용하여 모근을 들어주면서 사용하면 더욱 풍성한 스타일을 창출할 수 있다.

2) 적외선 램프 드라이어(Infrared lamp dryer)

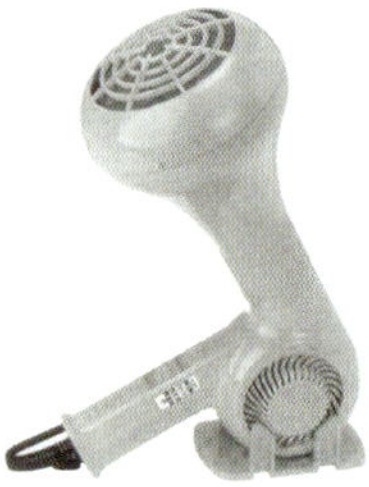

붉은색의 빛이 열을 발생시켜 두피의 혈행을 촉진시키며, 두피에 도포한 화장품이나 모표피에 도포된 모발 제품의 흡수를 도울 뿐만 아니라 젖은 모발의 퍼머 시술 컬이나 웨이브를 흐트러짐 없이 드라이 할 목적으로 쓰이기도 한다.

3) 적외선 후드 드라이어 (Infrared hood dryer)

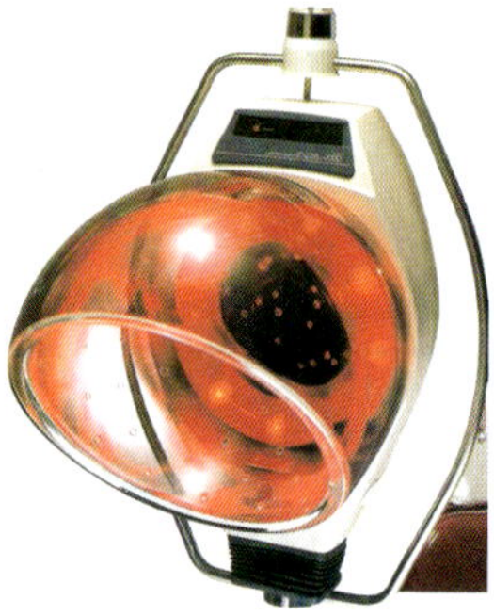

후드 드라이어란 캡 모양으로 생긴 모발 건조기이다. 1970년대 말까지 핸드 드라이어 또는 세트 드라이 등의 용도로 쓰였지만, 현대에 와서는 기구의 기능이 다양화되고 많이 개선되어 염색, 펌, 트리트먼트 등의 시술 시 촉진 기구로 널리 쓰이고 있다.

4) 브러시(Brush)

브러시는 드라이 시술에 있어서 가장 많이 사용되는 도구의 하나이다. 여러 종류가 있으며 고객의 주문에 따른 헤어 스타일을 가장 잘 표현할 수 있는 것을 선택한다.

(1) 롤 브러시(Roll brush)

롤 브러시는 롤(Roll)의 크기에 따라 large, medium, small로 나눌 수 있으며 라운드(round)나 컬(curl)을 표현하고자 할 때 사용하며 머릿결의 방향성을 만드는데도 아주 중요한 도구이다.

① Large : 주로 긴 머리(long hair)를 곧게 펴면서 윤기를 내기 위해 사용되는 브러시이다.
② Medium : 중간 길이(semi-long hair)부터 긴 머리의 머리끝의 방향을 잡거나 모근의 볼륨감을 주기 위한 용도로 사용되는 브러시이다.
③ Small : 레이어드 스타일(layered style)의 S컬, C컬 등의 다양한 컬을 얻을 수 있으며 볼륨을 줄이는데도 쉬운 브러시이다.

(2) 유러피언 롤 브러시(Europian roll brush)

열전도가 빠른 알루미늄으로 되어 있어 드라이어의 스피드가 빠르며, 재질 자체가 양질의 소재를 사용하고 있어 모발에 될 수 있는 한 손상을 줄일 수 있도록 고안되어 있을 뿐만 아니라 자연스러운 컬을 얻기에는 아주 적당하다.

(3) 덴만 브러시(Denman brush)

스켈톤 브러시(skelton brush), 벤트 브러시(vent brush)라고 부른다. 모근을 자연스럽게 세워서 브러시가 가는대로 머릿결의 방향성을 표현할 수 있는 장점이 있어 유럽 및 미주에서 주로 사용된다.

(4) 에스자형 브러시(Sigmoid brush)

커트 후에 모근 부위에 잘려져 나온 머리카락을 털어내면서 모근을 세우거나 머리끝의 방향성과 두상의 둥근 부분을 자연스럽게 표현해 낼 수 있다.

(5) 쿠션 브러시(Cushion brush)

브러시의 바디(body) 부분이 고무판으로 되어 있어 부드러운 스타일을 완성하기에 적합하다.

(6) 정리용 브러시(Finishing brush)

브러시 자체의 재질이 듬성듬성한 나이론 소재로 되어 있어서 시술 시간은 적으나 윤기가 적고 모발 표면의 손상을 가져오기 때문에 다른 브러시보다 많은 양의 모량을 잡고 시술해야 한다.

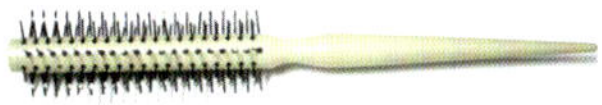

5) 크립류(Clips)

(1) 크립(Duck bill clip)

모근의 뿌리 부근을 세우거나 또는 각 섹션의 흔들림을 방지하기 위해서 고정시키는 역할을 하여 스프레이하기 직전에 사용되는 도구이다.

(2) 핀 크립(Pin set)

드라이 시술 섹션 외 주변의 남은 모량을 고정시키기 위해 사용되며 크기와 형태도 다양하다.

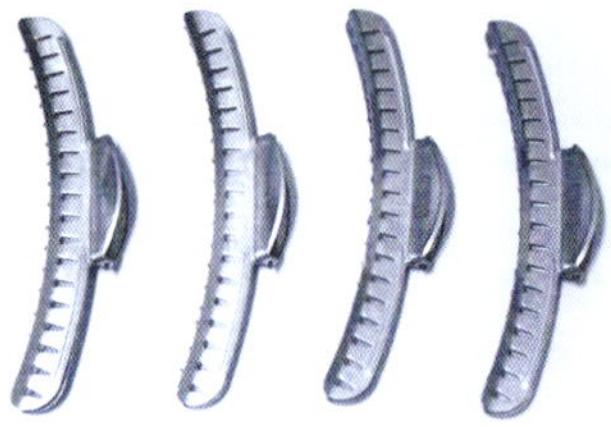

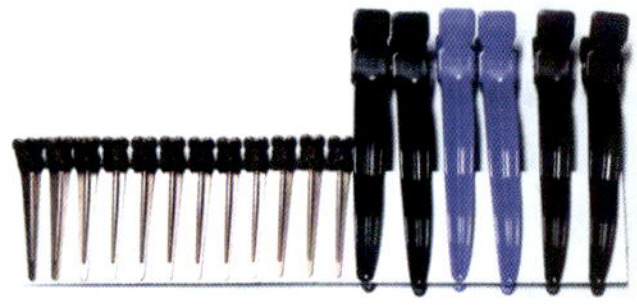

6) 그 외 필요한 도구

(1) 분무기(Water sprays)

원하는 웨이브나 컬을 쉽게 얻기 위하여 블로 드라이 직전에 모발에 적당한 수분을 주는데 필요한 도구이다.

(2) 고정 분무기(Hold sprays)

완성된 스타일을 흐트러지지 않게 하기 위하여 사용되는 제품으로 액체(liquid type)와 기체형(Gas type)의 두 가지가 있다.

(3) 스타일링용 어깨 보

드라이 시술 시 고객의 의상에 머리카락이나 분무용 두발 제품 등의 이물질이 묻어지는 것을 방지하기 위한 고객에 대한 서어비스 행위로 사용된다.

(4) 얼굴 가리개

스프레이 식의 스타일링제의 분사 시에 고객의 얼굴을 보호하기 위하여 이물질이 묻어지는 것을 방지하기 위하여 반드시 사용해야 할 고객에 대한 서어비스 용도로 쓰인다.

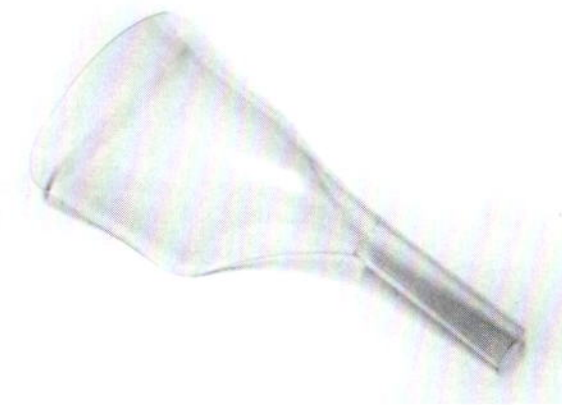

(5) 퀵 드라이 세트(Quick dry set)

롤 브러시의 사용이 익숙하지 않거나 모발이 많이 늘어나 있어 롤 브러시를 이용한 드라이 시술이 용이하지 않지만, 세팅의 효과를 내어야 할 경우 사용하는 도구이다.

4. 스타일링 제품의 종류

1) 세트 로션(Set lotion, Roll lotion)

옛날부터 알려진 정발제의 하나로 고분자 물질에 에탄올 용액을 녹여서 만든 제품이다. 주로 퍼머넌트 웨이브를 한 후 젖은 모발에 피막 형성제를 입혀 모발을 고정시켜 드라이 하여 웨이브를 유지하기 위해 사용된다. 핀 컬(pin curl)이나 핑거 웨이브(finger wave) 같은 세팅 시술에 주로 쓰이며 용액(solution)과 젤(gel) 상태의 정발제로서 영양의 효과는 없기 때문에 보습제나 가소제가 부족할 경우 건조 뒤에는 플레이킹(flaking)현상이 일어나기도 한다.

2) 블로 로션(Blow lotion)

커트와 블로 드라이의 미용 시술법의 보급과 블로 드라이 마무리의 스타일링 기법을 이용할 때 사용하는 제품이다.

핸드 드라이어와 회전 브러시를 이용하여 스타일링을 하기 때문에 블로 로션에서 구할 수 있는 기능은 열, 바람, 건조에 약한 모발을 핸드 드라이어의 열로부터 보호하며 모발의 수분 증발을 막고 건조에 의한 기모, 절모를 방지할 뿐만 아니라 스타일링을 보다 오래 유지하도록 도와주며 회전 브러시의 사용이 부드럽고 보다 자연스런 광택과 마무리감을 준다.

배합 성분은 양이온성 폴리머, 혹은 음이온성 폴리머 같은 피막제와 컨디셔닝(conditioning) 효과가 있는 실리콘류, 에스텔류, 양이온 계면활성제, 콜라겐 폴리펩티드(collagen polypeptide)류가 사용되고 있다.

3) 지속성 세트제(Durability setting lotion)

지속성 세트제란 옛날 전기 퍼머넌트 웨이브에 사용되었던 아유산염을 주성분으로 한 화장품이다. 이들 제품은 의약부외품인 퍼머넌트 웨이브제와 같은 효능, 효과는 없고 또 아유산염의 환원제로서의 작용도 약하며 웨이브 형성력이 약하기 때문에 가는 로드(rod)를 많이 사용하거나 가온하거나 하는 기법이 필요하다.

4) 무스(Mousse)

에어졸 거품 상태의 헤어 트리트먼트제인 '헤어무스' 는 헤어 스타일의 유행, 생활 양식, 헤어 케어(hair care)에 대한 소비자의 요구, 혹은 신기법의 개발, 보급에 맞추어 오늘날에는 새로운 정발제로서 장르를 확립한 제품이다.

프랑스어인 무스(mousse)는 거품이 나는 크림, 비누 거품 등의 뜻이지만 정발제인 무스는 스타일링 효과와 컨디셔닝 효과 두 가지를 아울러 지닌 에어졸 제품의 총칭으로 쓰이고 있다. 무스는 에어졸 용기로부터 거품(form)을 손에 적당량을 분사시켜 모발에 도포하여 블로 드라이같은 것으로 건조시키면서 손가락 테크닉이나 회전 브러시로 좋아하는 헤어 스타일을 창조하는 것이 일반적인 사용법이다.

5) 젤(Gel)

젤이란 젤리상 형상을 나타낸 스타일링제, 즉 포마드(pomade), 헤어 솔리드(hair solid), 젤 혹은 워터 그리스(water grease) 등이 포함된다. 포마드는 옛날부터 알려진 정발제로서 모발에 광택을 줌과 동시에 강한 세트력으로 원하는 헤어 스타일을 얻을 수 있다. 그렇지만 유성 타입이기 때문에 두피에 강하게 달라붙거나 물로 씻어내기 어려운 결점이 있다. 사용 시에 강하게 달라붙지 않고 소프트한 정발 효과와 자연스런 광택, 세발력이 좋은 투명한 수용성 젤상 정발제가 헤어 솔리드이다.

최근에는 젤과 워터 그리스가 새로운 헤어 패션을 만드는 소재로서 사용되기 시작하여 세트 로션이나 헤어 스프레이와는 달리 새로운 정발제로서 등장하여 보급되었다.

6) 헤어 글레이즈(Hair glaze)

무 알코올 처방으로 정상 모발뿐만 아니라 모든 화학제 처리 모발에 풍부한 영양을 공급함과 동시에 유연한 스타일링을 자유자재로 연출할 수 있는 제품으로 로션 타입과 스프레이 타입이 있다. 로션 타입은 촉촉함을 유지시켜 주며 드라이어의 사용 시에도 끈적임이나 프레이킹(flaking) 현상이 없으며 스프레이 타입은 글로스 스프레이(gloss spray) 혹은 그랜츠 스프레이(grantz spray)라고 부르며 모발 보호 성분과 UV-필터의 보습, 보호 작용으로 윤기 있고 탄력있는 건강한 모발로 가꿔준다.

7) 헤어 스프레이(Hair spray)

헤어 스프레이는 세팅된 모발의 일정한 부분에 분사해서 형태를 고정시켜 오랫동안 유지시키는 것을 목적으로 마무리용 정발제로 사용된다. 일반적으로 프레온 가스를 이용해서 분사되는 제품을 헤어 스프레이라 부르며, 단순히 펌프식 형태로 분무하는 것을 헤어 미스트(hair mist) 혹은 헤어 스프릿츠(hair spritz)라고 부른다.

성분은 피막 형성제이며, 여기에 고급알코올, 실리콘 오일 등을 배합해 피막에 유연성을 적당히 부여하며, 용제로는 휘발성이 빠른 에탄올을 사용하여 건조가 쉬우며 습도에 큰 영향을 받지 않아 세팅 효과가 뛰어나다.

8) 헤어 토닉(Hair tonic)

헤어 토닉의 효과는 모발의 수분과 지방을 보충, 유지시킨다. 두피, 모발에 수분을 주어 열모, 지모를 막는 작용을 할 뿐 아니라 모발의 대전을 방지하고 유연하게 하기도 하며 비듬, 가려움을 억제하는 효과가 있어 두피와 모발을 건강하게 한다.

9) 헤어 컨디셔너(Hair conditioner)

모발 조정제로 모발에 윤기와 광택, 탄력성을 주는 제품이다. 폴리펩타이드(PPT), 레시틴, 양성 계면활성제 등이 포함되어 있다. 크림 상태, 로션 상태 등의 몇 개 타입이 있기 때문에 넓은 의미에서는 헤어 크림, 헤어 오일, 헤어 트리트먼트 등도 헤어 컨디셔너라고 할 수 있다.

10) 헤어 에센스(Hair essence)

피지와 같은 기능을 하는 천연 식물성 오일이 주성분으로 드라이 시술 전 소량을 모 선단부에 골고루 도포하여 드라이 시술에 들어가면 손상 모를 보호하거나 손상의 진행을 막는 작용을 한다.

Chapter 2

블로 드라이의 과학적 원리

현대인들의 사회 참여와 미적 욕구를 충족시키기 위하여 거의 매일 샴푸를 하고 있으며, 남녀노소를 가리지 않고 핸드 드라이어를 사용하고 있다.

잦은 드라이 시술과 시술의 미숙으로 모발 손상의 주원인으로 작용하고 있다.

1. 모발의 역학적 성질

모발의 역학적 성질은 온도, 시간, 외부의 압력 등 조건의 차이에 따라 복잡한 변화가 일어나기 때문에 탄성, 소성, 점성, 완화 등의 성질을 종합적으로 고찰하지 않으면 안 된다.

1) 탄력성(Elasticity)

스프링과 고무는 늘리면 늘어났다가 힘을 빼면 원래의 길이로 되돌아간다. 이와 같은 원래의 형태로 되돌리려는 성질(반발력)을 탄성(탄력성)이라 하고, 이와 같은 변형을 탄성 변형이라고 한다.

외력에 의해서 변형을 받으면, 그 물체의 내부에서 외력으로 저항하여 원상태로 되돌리려는 힘(응력)을 발생시킨다. 그리고 변형이 있는 크기 이하이면 외력과 그것에 저항하려는 힘과 비례하고, 그 한계를 탄성 한계라고 한다. 변형이 더욱 크게 되어 탄성 한계를 넘으면 급히 늘어나게 되어 외력을 제거하여도 완전히 원상태에 되돌아가지 않고 변형이 남게 된다. 탄성은 그 표현 방법에 따라 다음과 같이 2개로 대별된다.

(1) 에너지 탄성

스프링과 같이 비교적 큰 힘으로 작게 늘어나며, 힘을 제거하면 순식간에 원상태의 길이로 되돌아가는 것을 결정 탄성이라고 한다. 이 탄성은 고체의 원자와 분자 간에 작용하는 힘(종합 에너지)에 의해 생기기 때문에 고체의 특징이 있다.

(2) 고무 탄성

고무와 같이 적은 힘에도 잘 늘어나고 힘을 빼면 다시 원상태의 길이(변형)로 되돌아가는 탄성을 고무 탄성이라 한다.

2) 가소성

물에 단련된 점토와 칭금은 힘을 적게 주면 변형되지 않지만, 어떤 크기의 힘(항복점) 이상의 힘이 가해지면 쉽게 변형하고 힘을 제거해도 원래의 변형을 유지한다. 또한 금속판으로 형태를 강하게 가하면 변형이 남게 된다. 이와 같은 변형이 남는 성질을 가소성이라고 한다.

3) 점도

일반적으로 물엿과 튀김기름 등의 끈적한 성질로서 이해하고 있다. 점성이라는 것은 물체에 힘을 가해서 변형시키게 되면 저항해서 멈추는 힘이 생기는 성질이 있다.

그 저항력의 크기에 따라 점도가 높고 낮음이 있다. 예를 들면 물과 튀김기름 등을 혼합하면 저항을 느끼나 액체 분자 간의 마찰에 의해 시간이 경과되면 멈추게 된다.

이 저항하는 성질은 탄성체나 점성체도 같지만, 탄성체는 힘을 빼면 바로 원래대로 돌아간다(탄성 변형). 그러나 점성제는 힘을 제거해도 점점 흐름으로 되어 원래의 형태로 되돌아 가지 않는다. 점성은 온도가 높으면 저하된다.

탄성은 고체의 성질이 있는 반면에 점성은 액체의 성질이라고 할 수 있다.

4) 점탄성

탄성, 점성, 소성 여러 가지의 단독적인 이름으로는 물체(특히 고분자 화합물, 유기분산계, 콜로이드계 등)의 역학적 성질을 충분히 설명될 수 없기 때문에 최근에는 레오로지(점탄성을 중심 과제로 하는 과학)의 분야에서 상당히 연구되고 있다.

점탄성이라는 것은 탄성과 점성의 2가지 성질을 혼합한 성질을 말한다. 이 점탄성을 쉽게 알기 위한 설명으로서 바네(탄성)와 피스톤(점성)의 모형을 여러 가지 조합으로 한 역학적 모형이 이용되고 있다. 그러나 이 모형도는 지금까지도 물체의 역학적 성질이 외관을 나타내는 것으로 그 내부의 구조와 엄밀하게 대응하는 것은 아니다.

5) 모발의 강도(Idensity)와 신장(Extension)

모발에 힘을 가해 늘리면 늘어남과 동시에 굵기는 가늘어지고, 마침내 늘어나 끊어진다. 모발의 늘어난 비율은 신장률(%), 절단 시의 하중을 인장 강도(g)로 표시한다.

인장의 강도는 모발의 굵기에 따라 다르기 때문에 절단 시의 무게를 절단 시 모발의 단면적으로 나누어 단위 면적당의 하중으로 된 것을 향장력, 혹은 강도라고 부르고 kg/㎟로 표시하고 있다. 강도와 신장은 측정할 때의 온도와 습도에 따라 수치가 상당히 다르기 때문에 온도 25℃, 습도 65%를 표준으로 하고 있다.

또한 모발의 개인차, 모발이 받은 지금까지의 경로, 시험 값의 길이, 늘어나는 속도 등에 따라 크게 다르기 때문에 측정치는 측정자에 따라 다르다. 모발의 측정치의 평균적인 수치를 들면 건강 모의 신장률 40~50%, 신장의 강도 140~150g, 물에 젖었을 때 모의 신장률 60~70%, 신장의 강도 90~100g로 된다.

또한 모발의 고착력(1개의 모발을 두피에서 뽑는데 요구되는 힘)은 약 50g이라 한다.

전체 두발에 나 있는 모발을 단숨에 뽑는 것으로는 50g×10만=5,000kg=5톤이라고 하는 큰 힘이 필요하게 된다. 따라서 모발을 묶어서 사람을 매어달 수도 있는 이유가 여기에 있으며, 드라이 시술 시 롤 브러시의 스트랜드에 약간의 힘을 주어도 모발은 빠지지 않는다.

6) 무게 신장 곡선

하중 신장 곡선 또는 스트레스—스트레인 곡선(stress-strain curev)이라 부르며 모발의 신장 방향은 하나의 모양이 아니라 3단계로 분류할 수 있다. 우선 최초에는 신장이 안 되고 일정한 A점(항복점)까지 신장되면 급히 신장되기 쉽고, 그때까지 또한 B점(post 항복점)으로부터 신장이 어렵게 되어 C점(파단점)으로 절단된다. 그리고 절단되기 쉬운 점은 건조도, 습윤도, 퍼머넌트 웨이브제 1제 처리도의 순서대로 크게 된다. 신장 방향은 습도와 온도의 영향을 받고 변화하는데, 습도가 많은 만큼, 또한 온도가 높은 만큼 쉽게 늘어나며 신장률은 크게 된다.

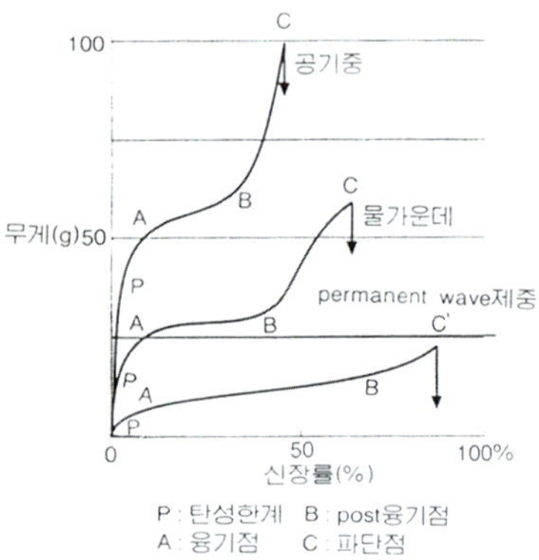

모발의 무게 신장 곡선

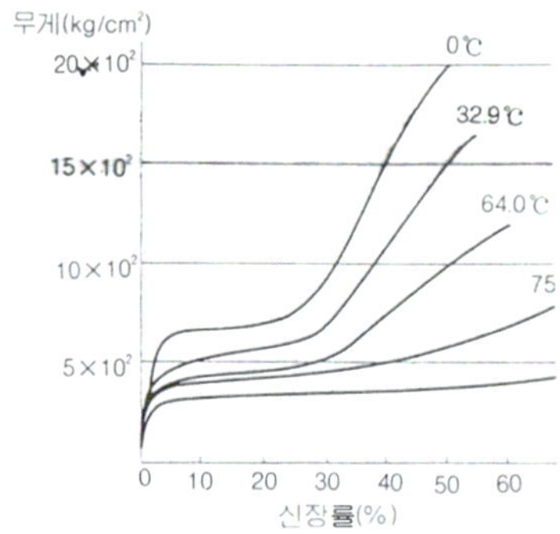

습도와 신장률

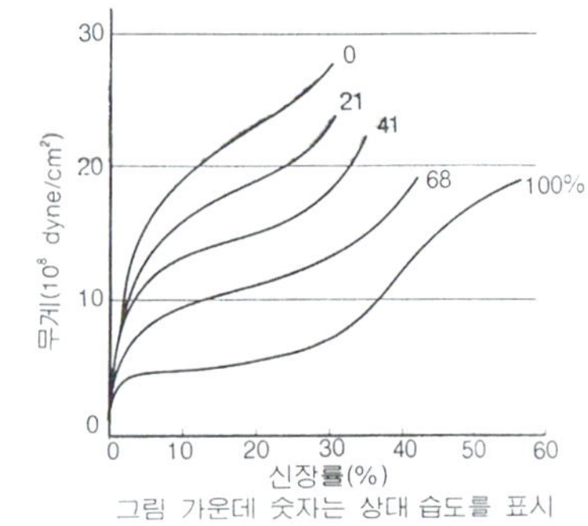

온도와 신장률

2. 모발의 물리적 성질

모발은 보통의 상태인 공기 중에서는 10~15%의 수분을 함유하고 있다. 세발한 직후는 30~35%, 드라이로 건조해도 10% 전후의 수분을 흡착하고 있다. 흡착량은 습도와 온도의 영향을 받아 변동하고, 모발이 손상되면 흡착물도 많아진다. 또한 흡착물이 많게 됨에 따라 체적과 중량이 크게 된다. 이 체적의 증대를 가져오는 흡착 현상을 팽윤이라고 부른다.

1) 흡습성(Hygroscopicity)

(1) 수분율

일반적으로 양모, 견, 면 등의 천연섬유는 나이론, 캐시미론, 사란 등의 합성섬유보다도 수분을 잘 흡착한다. 그림에서와 같이 모발의 평균 수분율은 상대 습도 (RH)65% 13.0%, RH 95% 30.0%이다.

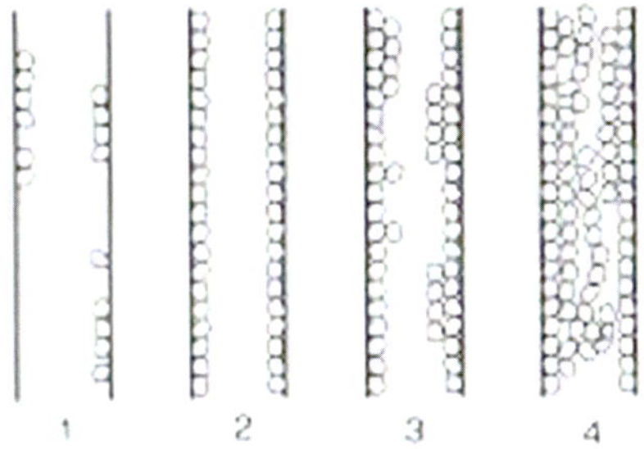

모발 구조에 의한 흡착

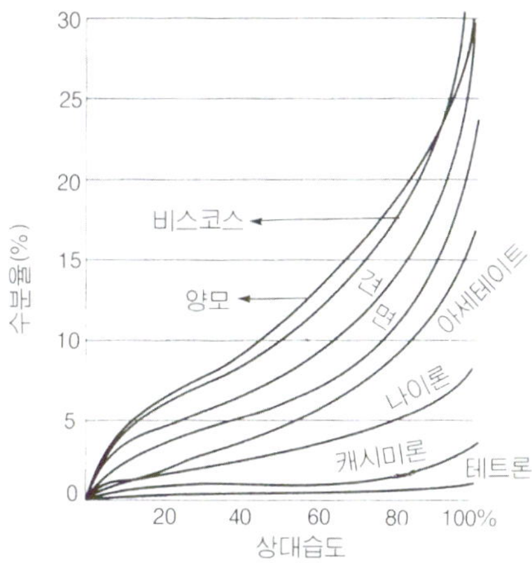

각종 섬유의 흡습 곡선

(2) 모발 구조에 의한 흡착

물에 젖은 금속은 표면의 수분이 없어지면 원래의 중량과 동일한 중량이 된다. 하지만 모발의 경우에는 표면의 수분을 빼앗아도 내부에 수분을 흡수하기 때문에 원래의 무게보다 무겁게 된다. 그러나 건조하면 내부의 수분도 밖으로 나와 원래의 중량으로 돌아가기 때문에 수분이 화학적으로 모발을 변화시키지는 않게 됨을 알 수 있다. 이와 같은 모발의 흡착 현상은 모발 내부의 모세관과 그 공벽에 친수성의 원자단(아미노기, 카르복실기, 수산기 등)이 많이 모이게 됨으로써 일어나는 것이다.

그 흡착의 과정은 그림과 같이 1~4의 4단계로 구분할 수 있다.

① 제1단계

공벽의 친수성기와 물 분자가 수소결합에 의해 흡착되기 시작한 초기 흡착의 단계

② 제2단계

내부표면이 거의 한 겹의 물 분자의 막으로 덮여 있는 상태, 이와 같은 막을 단분자막이라고 한다.

③ 제3단계

단분자막 위에 수소결합에 의해 물 분자가 겹쳐 있는 상태

④ 제4단계

공공의 가운데가 거의 물분자로 충만되어 있는 상태. 공벽에 가까운 물분자를 제거하고 그것보다 내측의 물 분자는 보통의 물과 동일한 상태에 있다고 생각되고, 실제로는 물에 침전된 상태에 가까운 것, 모발 자체는 팽윤된 상태이고 모관의 직경도 크게 되어 있다.

2) 팽윤성(Swelling)

어떤 물체가 액체를 흡수하고 그 본질을 변화시키지 않고 체적을 증가시키는 현상을 팽윤이라고 한다. 액체로서는 산 · 알카리 · 염류 등의 용액, 유기용제, 물 등이 있지만 여기서는 물의 경우에 대해서 설명한다.

(1) 팽윤의 형태

팽윤에는 어느 정도 진행되면 그 이상 진행되지 않는 경우(유한 팽윤)와 제한없이 진행되어 마지막에는 용액이 되어 버리는 경우(무한 팽윤)가 있다. 모발은 유한 팽윤, 케라틴은 무한 팽윤의 예이다.

모발이 팽윤하면 직경은 상당히 커지지만 길이의 방향은 조금밖에 변화를 볼 수 없다. 이와 같이 방향에 따라서 팽윤성이 달라지는 것을 팽윤 부등방성이라고 부르고 있다.

일반적인 섬유의 경우는 전부가 유한 팽윤이고, 부등방성이다. 그리고 팽윤의 방향성은 거의 모발과 동일하고 직경 방향이 크지만, 나이론은 역으로 길이의 방향으로 크게 되어 있다.

(2) 팽윤도

모발을 물에 담그게 되면 길이는 1~2% 길어지고, 굵기는 12~15% 정도 굵어진다. 그리고 중량은 30~40% 증가한다. 이 중량의 증가율은 앞에서 기술한 수분율에 해당하는 것으로서 체적의 증가율과는 일치하지 않는다(체적 수축).

따라서 중량증가율을 팽윤도라고 하는 것은 사실 차이가 있다. 그러나 중량 증가가 팽윤(체적 증가)의 표준이 되기 때문에 중량 증가율을 일반적으로 팽윤도라고도 하기 때문에 여기서도 편리하게 팽윤도로 설명한다.

1 체적 수축

모발이 물을 흡착할 때에는 팽윤(중량 · 체적의 증가)를 초래하지만 체적 수축이라고 하는 현상을 일으킨다.

A=건조한 모발의 체적

B=흡착된 물의 체적

C=물을 흡착한 모발의 체적

이라고 하면 상식적으로 생각하면 A+B=C가 되어야 하지만, 사실은 A+B > C가 되어 예상한 체적보다 적어지게 된다. 알기 쉽게 설명하면, 자갈 1 l 에 모래 1 l 를 섞어 2 l 가 되지 않는 것과 같은 이치이다. 결국 모발의 공공에 물 분자가 들어가 전체로서는 예상된 체적만큼 커지지 않는 이유이다.

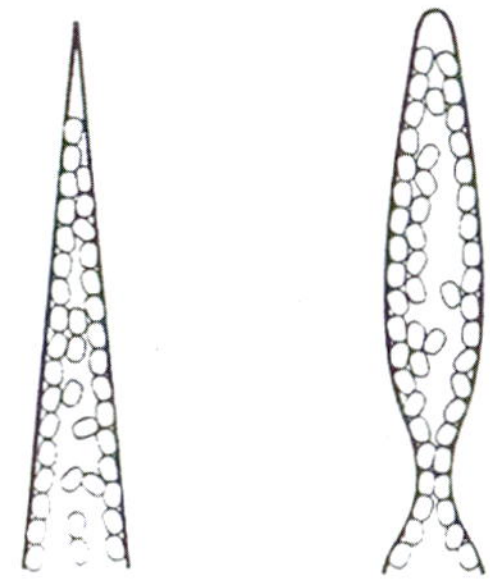

모발의 응축

② 온도의 영향

흡착(팽윤의 초기)의 경우는 온도의 상승과 함께 흡수량이 적어지지만, 모발을 물에 침전시킨 경우는 이것과는 역의 현상이 일어나게 된다. 습도 97%일 때의 흡착량의 온도에 의한 차이는 적다. 이것은 모관(毛菅) 중의 수분이 많게 하기 위해서 물 분자끼리의 충동이 많아지기 때문에 모관 외의 공기 중에 분산되는 비율어 적어지게 된다고 생각할 수 있다. 한편, 모발을 물에 적신 경우는 모관의 내외에 물 분자가 상당히 밀집되어 장벽을 쌓고 있기 때문에 모관 중의 물 분자는 나는 것이 곤란하게 된다. 또한 물과 열에 의해 케라틴 중의 측쇄(수소 결합, 염 결합)의 절단이 온도의 상승과 함께 진행되어 모관이 굵어지기 때문에 관내의 물의 양이 많아지게 된다. 따라서 온도의 상승과 함께 팽윤도가 많아지게 되는 것을 측정할 수 있다.

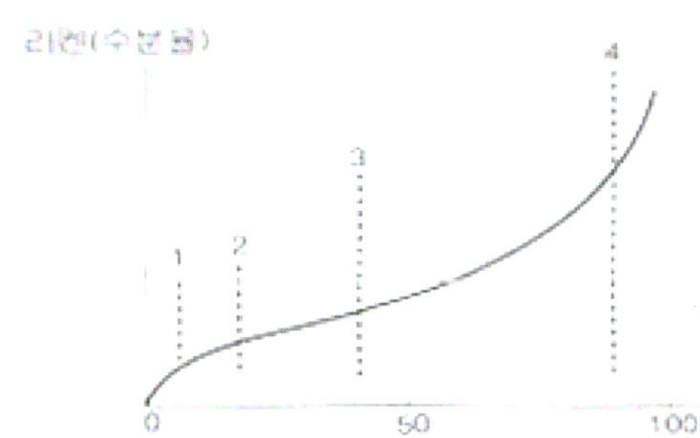

③ 물의 pH에 의한 영향

여러 종류의 약품(예를 들면 퍼머제, 염료제 등)에 의한 팽윤에 대해서는 필요에 따라 여러 가지의 항으로 설명할 수 있기 때문에 여기서는 기본이 되는 물의 pH에 의한 영향에 대해서 간단하게 기술해 두고자 한다. 모발이 가장 안정된 상태일 때의 pH는 등전점(pH

4.5~5.5)이며, 아래 그래프는 이 등전점에서 산성 축과 알칼리성 축의 물과 팽윤도의 관계이다(pH 7 이하의 산성에는 염산을, 알칼리성에는 수산화나트륨을 첨가해서 조제).

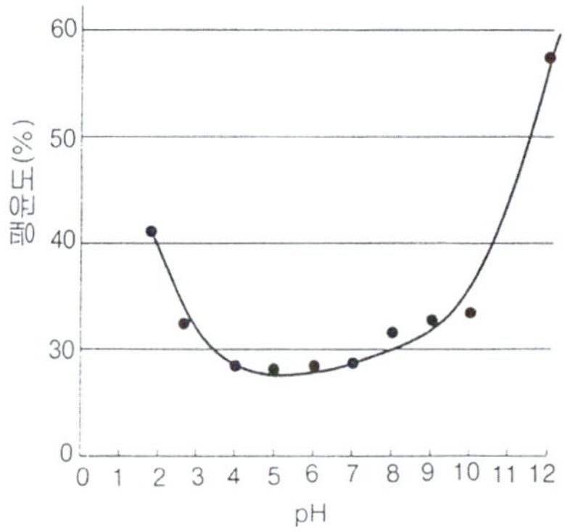

모발의 팽윤과 pH의 관계

3) 모발의 건조

타월 드라이를 한 모발은 모발 표면에 부착되어 있는 수분의 대부분이 제거되지만 팽윤균형의 상태에서 30% 이상의 수분을 포함하고 있다. 이것은 건조되면 처음에는 잔존해 있는 부착물(水)이 제거되는 단계에서 건조 속도는 상당히 빨라지지만, 수분율 30% 이하가 되면 건조가 진행됨에 따라 그 속도는 서서히 느려진다.

이것은 공공 중심부에 가까운 물 분자가 증발함으로써 필요한 열에너지에 비해 공공벽에 가까운 물 분자만큼 열에너지를 많이 필요하게 된다. 건조에 후드식 드라이를 사용한 경우 그 내부의 온도와 습도의 측정에 의하면 상당히 고온으로 두정부 위에서 100℃ 이상, 습도 95% 이상이 된다. 측정된 기종, 경과 시간, 측정 위치 등에 따라 상당한 차이가 있다고 생각할 수 있지만, 이들에 대해서도 건조 시의 드라이는 상당히 고온다습하게 되기 때문에 건조에 시간이 걸린다. 고온다습하게 되는 원인은 드라이 중에 공기를 휘저음으로써 공기의 유통이 나쁘다고 하는(건조에 대해서 말하면) 구조상의 결점에 의한 것이다. 이 점에 대해서는 핸드 드라이의 쪽이 효과가 좋다고 생각한다.

건조를 빨리하는 요인으로서는 고온의 건조 공기를 다량으로 유통시킬 수 있다.

① 온도를 높게 한다

공공 내의 물 분자에 열에너지를 부여하고 분자 운동을 활발하게 하며 대기중으로 분산되기 쉽게 한다.

② 습도를 낮게 한다

물 분자의 분산을 방해하지 않도록 모발 주변 물 분자의 수(數)를 줄인다.

③ 풍량을 많게 한다

모발 표면에 정체되어 있는 물 분자를 다량의 공기로 불어서 제거한다.

모발을 단시간에 효과적으로 잘 건조하기 위해 필요한 조건은 상기와 같지만 효과뿐 아니라 모발이 받는 영향도 고려하지 않으면 안 된다.

함수량이 많은 모발은 60℃ 전후에서 열 변성을 일으키는 것으로 전해지고 있다. 모발에 여러 가지 화학 물질이 잔류하고 있는 경우에는 더욱 낮은 온도에서도 손상을 받게 되는 것을 충분히 고려하여야 한다. 그렇게 하면 온도는 그다지 높지 않게 되어 습도를 될 수 있는 한 낮은 공기를 다량으로 보내는 것이 요망되고 있다.

그러나 세트(set)의 경우는 고온에서 건조된 편이 세트의 유지가 좋게 된다. 저온 건조에서 좋은 세트 재료가 개발되면 별개이지만 set의 건조는 당초에는 저온에서 될 수 있는 한 건조시키고, 마지막에는 고온으로 행하는 것이 절충책이라고 생각한다.

또한 최근 손상 모의 손님들이 증가하고 있는 것은 핸드 드라이 등이 일반 가정에 보급됨에 따라 그 사용 횟수가 증가하고, 또한 건조 시간을 단축시키므로 고온의 바람에 의한 것이 그 원인이므로 손님들에게 드라이의 사용 방법에 대해서 충고를 해주어야 한다.

3. 그 외의 물리적 성질

1) 모발과 열과의 관계 (열변성)

브러시 등을 이용한 기계적인 강도는 80~100℃에서 약화되기 시작하며, 열이 모발에 미치는 영향은 건조한 상태와 습열과는 다르다.

건열에서는 외관적으로 120℃ 전후에서 팽화되고 130~150℃에서 변색이 시작되며 270~300℃가 되면 타서 분해되기 시작한다. 그리고 화학적으로는 150℃ 전후에 시스틴(cystine)이 감소되고, 180℃에서는 알파 케라틴(α-keratin)이 베타 케라틴(β-keratin)으로 변한다. 습열에서는 100℃ 전후에 시스틴이 감소되고, 130℃에서 10분이 지나면 α-케라틴이 β-케라틴으로 변한다. 또한 습도 70%에서 70℃부터 케라틴의 변성이 시작되며 습도 97%에서는 60℃에서 시작된다는 보고가 있어 습도가 높아지게 되면 케라틴의 변성이 더 쉬워지게 됨을 알 수 있다.

	60~70℃	80~100℃	120~130℃	130~150℃	180℃	270℃
건열		기계적인 강도 약화	팽화	변색시작	α-케라틴이 β-케라틴	타서 분해
습열	70%~70℃ 97%~60℃	시스틴 감소	10분에 α-케라틴이 β-케라틴			

위의 표를 비교해 보면 모발이 건조해 있을 때보다 수분을 함유하고 있을 때 각종의 변화가 더 쉽게 일어남을 알 수 있다.

드라이 시술은 수분이 있는 모발에 열을 가해서 스타일을 완성해야 하므로 위의 온도 변화를 염두에 두어야 한다. 샴푸 후에는 30% 전후의 수분을 함유하기 때문에 드라이, 아이론(iron) 등의 가열 처리 온도는 60℃ 이하로 하는 것이 이상적이지만, 아이론의 온도는 200℃ 전후, 핸드 드라이의 온도는 90℃ 전후도 있고, 송풍구의 거리에 따라 달라지지만 부분적으로는 고온이 되기 때문에 주의하지 않으면 모발 손상의 원인으로 작용한다.

2) 모발과 태양광선 (광변성)

태양광선은 파장이 긴 방향으로부터 적외선, 가시광선, 자외선의 3개로 대별되고 있다. 이중에서 모발에 영향을 미치는 것은 적외선과 자외선이다. 적외선은 열선으로도 알려져 있고, 물체에 닿으면 열을 발생시킨다. 모발 케라틴은 그 열에 의해 어느 정도는 측쇄결합이 파괴되어 열 변성으로 인해 손상을 받는다. 태양광선 중에서도 가장 영향을 미치는 것은 화학선이라고 하는 자외선이다. 양모에 대한 보고에 의하면, 그 광화학적 반응에 의해 시스틴이 감소하고 알칼리 용해도에 비례해서 모발 케라틴의 손상도 증가하기 때문에 이 용해도를 측정함으로써 모발의 손상 정도를 알 수 있다.

또한 양모의 모간과 근원의 유황 형태의 분석 사례에 의하면 −S−S−형의 유황은 모간이 2.66%, 모근 2.99%이며, 모간이 적어지게 된다. 이것은 모간이 직사광선을 먼저 받기 때문이며 두상의 표면이 속머리카락보다 손상 정도가 심한 것도 이러한 이유에서이다.

실례로 실외 근로자나 고원, 해안의 거주자 등이 퍼머넌트 웨이브가 잘되지 않고 혹은 쉽게 늘어나는 원인은 태양광선, 특히 자외선에 의한 모발 케라틴의 변성이라 할 수 있다.

3) 모발과 정전기 (대전성)

온도가 낮은 겨울이나 건조 시기에 모발을 브러싱(brushing) 혹은 코밍(combing) 할 때 브러시와 콤(comb)에 모발끼리 붙는 다거나 반발하여 한데 엉키거나 하면 세트(set)가 잘 되지 않는다. 마찰에 의해 모발은 +로 브러시는 −로 대전하기 때문에 + 전기를 가진 모발끼리는 반발하고 + 전기를 가진 모발과 −의 전기를 가진 브러시와는 서로 붙으려고 한다.

이러한 정전기의 발생은 마찰에 의해 많은 물체에서 볼 수 있다. 이에 마찰을 적게 하거나 실리콘, 유지, 계면활성제, 습윤제 등의 정전기 방지제를 배합한 일용품, 모발용품 습기를 보충하면 정전기는 발생하지 않는다.

4. 모발의 결합

모발은 크게 주쇄와 측쇄의 두 사슬(chain)로 나누어지며 시스틴 결합, 염 결합, 수소 결합, 펩티드 결합 등으로 서로서로 결합된 구조이다.

1) 폴리펩타이드(Polypeptide)– 주쇄 결합

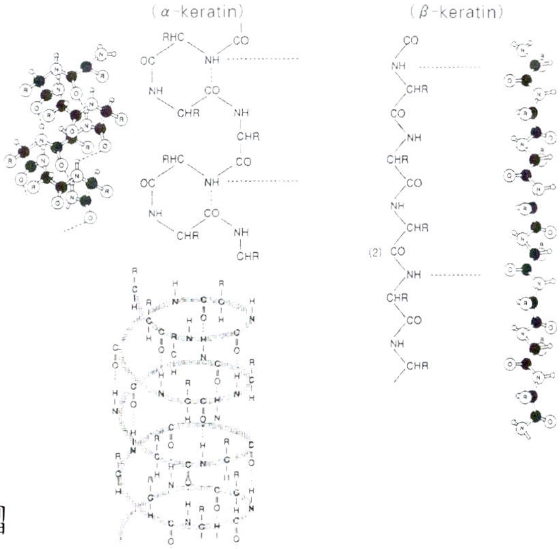

케라틴(keratin)은 약 18 종류의 아미노산(amino acid)이 펩타이드 결합을 순차적으로 반복하여 긴 쇄상의 폴리펩타이드 결합으로 구성되어 있다. 이들 아미노산은 아미노산 A의 -COOH 와 별도의 아미노산 B의 NH_2에서 H_2O로 되어 탈수된 후 -CO, -NH로 연결된 아미노산의 α-아미노기와 다른 아미노기의 카르복실(carbo xyl)기 사이에서 탈수, 축합 반응으로 형성된 이 결합이 서서히 반복되어 쇄상으로 길게 되는 것(통상 아미노산이 100개 이하, 분자량이 1만 이하의 것)을 폴리펩타이드라 하고, 분자량 1만 이상 수백 만의 고분자 화합물을 단백질이라고 한다.

또한 원래 아미노산이 가지고 있던 R1, R2, R3의 원자단을 측쇄라 부르며 케라틴의 폴리펩타이드(주쇄라고 함)는 계를 늘리는 듯한 일직선이 아닌 지그재그로서 나선상(helixtide)으로 둘러싸인 단백질의 α-나선(α-Helix) 구조로 되어 있다.

단백질의 폴리펩타이드에서 -CONH-카보닐기〉C=P로, 아미노기〉N-H로서 극성을 띠므로 -CO의 O와 -NH의 H 사이에 수소 결합(O·····H)을 이루게 되어 2차 구조 단백질을 이룬다. α형을 길게 늘어 뜨리면 β형이 되고, 그 길이는 2배로 되며, 힘을 빼면 다시 원상태의 길이의 α형에 되돌아간다.

2) 측쇄 결합(Chain bond)

폴리펩타이드 주쇄는 인접한 주쇄 간에 서로 가지고 있는 가지 사슬이 측쇄 결합으로 연결되어, 이 횡으로 연결된 것이 케라틴 분자를 고정시켜 강도와 탄력 등 여러 가지 특성으로서 주어진다. 측쇄 결합은 주로 시스틴 결합, 염 결합, 수소 결합의 3종류가 있지만 ,이외에 소수성 결합, 펩타이드 결합의 2종류와 반데르발스력(Van der Waals force)이라고 하는 분자 간의 약한 인력을 들수 있다.

(1) 시스틴 결합(Disulfide bond)

시스틴은 1810년 최초로 발견된 아미노산이며, 두 개의 황(S) 원자 사이에서 형성되는 일종의 공유 결합으로서 모발섬유의 물리적, 화확적 성질에 대한 안정성에 대한 정도를 높여주며, 이는 펩타이드나 단백질의 시스틴 잔기의 설프하이드릴(sulfhydryl)기 사이에서 형성된다. 이 결합은 유황(s)을 포함한 단백질에 특유한 것으로 다른 천연 섬유(견, 목면 등)나 합성섬유에서는 볼수 없는 측쇄 결합으로 모발 케라틴을 특징화하는 중요한 결합이다.

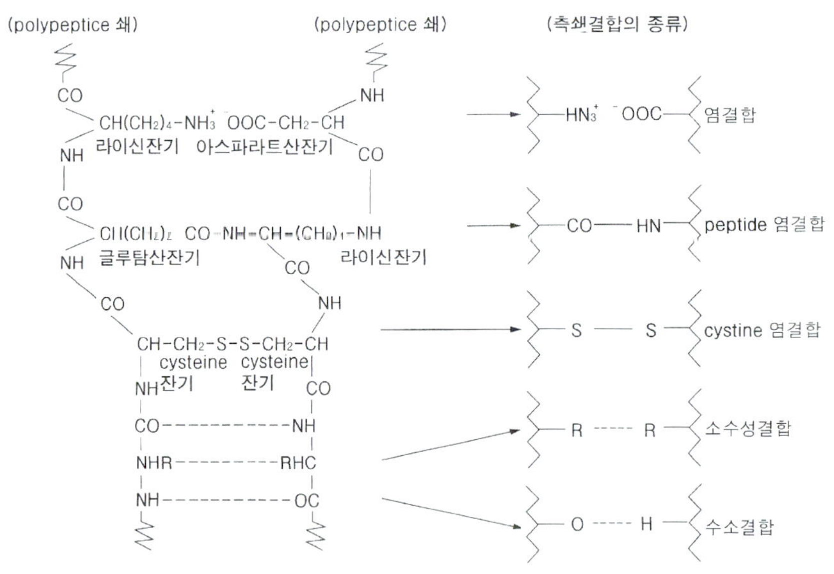

또한 기계적으로는 상당히 견고한 결합이지만 화학적으로는 반응을 받아서 절단시키고 다시 결합시킬 수도 있다. 퍼머넌트 웨이브(축모 교정도 포함)는 이 화학적 성질을 이용한 것이다.

이러한 시스틴을 환원하면 원래의 2분자의 시스테인으로 되돌아가며, 산소(O)로 산화시키면 다시 연결되어 시스틴으로 결합한다. 이런 반응으로서 산화와 환원을 모형적으로 표시하면 다음 식과 같이 된다.

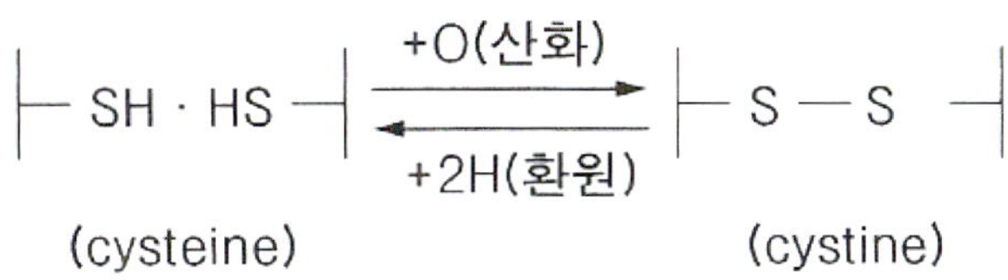

그래서 시스틴 결합 혹은 단순히 S-S결합(disulfide, ester)이라 부르고 있다. 그리고 폴리펩타이드 주쇄를 구성하고 있는 시스틴은 β-메캅토 알라닌에 해당하며 단백질 구성 아미노산의 일종으로서 CYS 또는 C로 약기되며 불안정한 화합물로서 공기에 의해 산화되어 시스틴으로 된다.

과폼산 또는 브롬수로 산화하면 사이스테산[cystsicacid, $HO_3SCH_2CH(NH_2)COOH$]으로 된다. 시스틴의 -SH기는 생물 활성, 특히 효소의 활성 중심과 밀접한 관계를 갖고 있는 측쇄 잔기로서 $-CH_2-SH$가 남아 있다. 인접한 주쇄 간의 시스틴 잔기끼리는 산화되어 수소가 얻어지면 주쇄 간은 -S-S-의 결합으로서 횡으로 결합한다.

(2) 염 결합(이온 결합, Ionic bond)

아미노산이 펩타이드 결합을 만들 때에는 카르복실기와 아미노기가 각각 1개씩 사용되기 때문에 염기성 아미노산은 아미노기가 1개, 산성 아미노산은 카르복실기가 1개 또는 여러 가지 잔기로서 남아 있다. 이와 같이 두 개의 산성과 염기성 아미노산 측쇄를 가진 폴리펩타이드 주쇄가 접근하면 상호 아미노기의 +와 카르복실기 -가 이온적으로 결합한다. 이것이 염 결합으로서 pH 4.5~5.5의 때 결합력은 최대가 되고 케라틴은 가장 안정된 좋은 상태가 된다고 볼 수 있으나 그때그때의 산과 알칼리 상태에 따라 pH가 등전점보다 산성 측 혹은 알칼리성 측으로 기울어지는 만큼 결합이 약하게 된다. 산성이나 알칼리성 용액에 모발을 적셔 놓은 후 당기면(팽윤 및 연화 상태) 더 작은 힘으로도 늘어나게 된다. 이 같은 원리로 펌제 콜드 1액에 적셔진 모발을 당기면 작은 힘으로 최후의 측쇄인 시스틴 결합이 끊겨 모발은 일시 가소성 모(可塑性毛)가 된다. 그러나 이렇게 한 모발도 콜드 2액으로 산화시키면 약산성액인 등전대로 되돌려진다. 이때 건조시키면 원래의 탄성 모로 바꿔어진다. 보통의 퍼머넌트 웨이브제가 알칼리성이 되는 이유 중의 하나는 측쇄의 염 결합이 끊어지기 때문이며, 또한 알칼리 용액은 결합을 절단하는 데 사용되기도 한다.

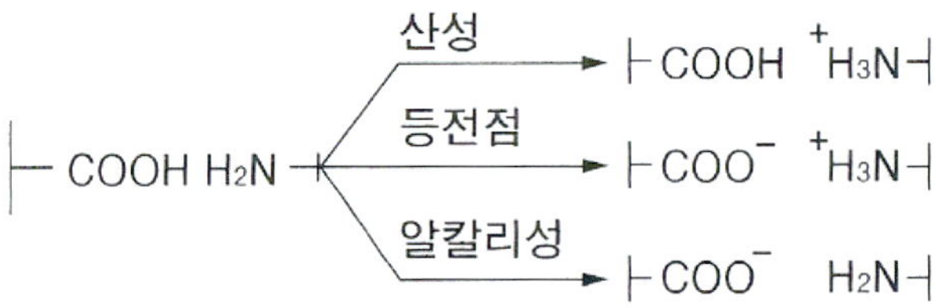

(3) 수소 결합(Hydrogen bond)

주쇄 중의 탄소와 이중 결합하고 있는 산소가 다른 쪽 주쇄 중의 질소와 결합하고 있는 수소와 결합한 것으로 약한 결합이지만 그 수가 많아 전체적인 힘이 크다. 측쇄의 산소(O)와 수소(H)가 잡아당기는 역할을 이루고 끊어졌다가 그 수분이 건조되어 없어짐으로써 결합이 생기는 원리를 말한다.

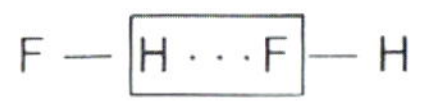

수소 결합 에너지 29.4kJ/mol

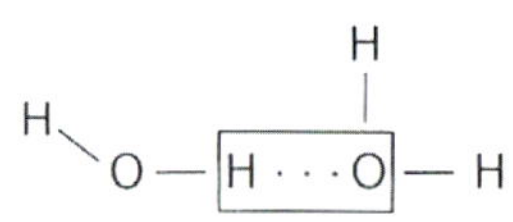

수소 결합 에너지 25.2kJ/mol

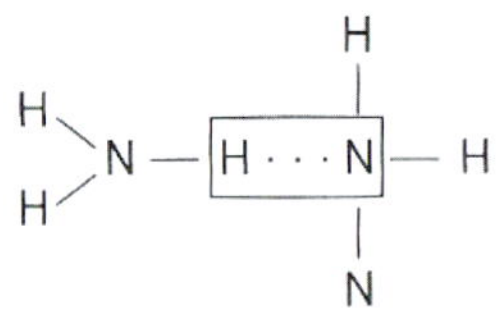

수소 결합 에너지16.8~29.4kJ/mol

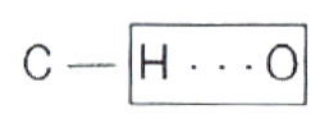

수소 결합 에너지 10.9kJ/mol

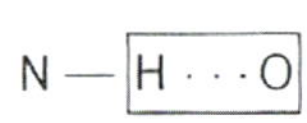

수소 결합 에너지 8.4~12.6kJ/mol

수소 결합은 분자간의 힘은 화학 결합보다 훨씬 약하다. 그러나 어떤 분자들 사이에는 특별히 강한 분자간 힘이 작용되어 결합이라는 이름으로 불린다. 수소 결합이 바로 이 특별한 분자간 상호 작용을 가진다. 두 원자 간의 전기 음성도 차이가 크게 나면 양전하와 음전하 사이에 정전기적 인력이 크게 작용하여 분자 간에 수소 결합이 형성된다. 이중극자-이중극자(극성분자 간의 힘) 인력이 특별히 큰 경우로서의 F, O, N과 같이 전기 음성도가 큰 원자가 공유 결합을 하고 있는 수소원자와 다른 분자 중의 전기 음성도가 큰 원자(F, O, N…) 사이에 작용하는 인력을 말하며 수소결합은 녹는점, 끓는점이 높고 비열, 기화열,

점성도가 크다.

그림에서 점선으로 표시한 것처럼, 주쇄의 가운데 혹은 인접된 주쇄간의 산소(O)와 수소(H) 간의 인장력에 의한 결합으로서 산소와 수소 간의 거리가 먼 경우 결합은 물에 쉽게 절단되지만, 건조함으로써 재결합한다. 물론 거리가 가까운 만큼 결합력이 강하게 된다. 특히 결정 영역의 수소 결합은 물은 물론이며 용제로도 절단시킬 수 없다.

수소 결합의 결합력은 분자 간 힘보다 크지만 분자 내 결합력보다는 1/10 정도의 세기를 갖고 있으며, 공유 결합에 대한 결합력보다 매우 약하다고 볼 수 있으며, 이를 보통 점선으로 나타낸다.

측쇄 결합의 개폐와 미용 시술과의 관계

결합 종류	개쇄	폐쇄	미용 시술과의 관계
수소 결합	수소를 충분히 주어 tention을 준다	건조시킨다. tention력을 제거	water winding, air forming, setting, curlyiron, blow dry styling
염 결합	pH 4 이하 또는 pH 6 이상의 알칼리에 적신다.	pH 4~6의 등전대에 가깝게 한다.(acid rinse)	hair set, permanent wave hair coloring
시스틴 결합	thioglycolic acid, cysteine으로 환원	H_2O_2, 취소산나트륨 등으로 산화	permanent wave, 곱슬머리 교정

3) 블로 드라이할 때 컬(Curl) 형성

모발이 물에 젖으면 모발 내부의 측쇄 결합이 강한 수소 결합이 물에 의해서 절단되어 변형되며, 수분을 증발시키면 다시 재결합된다.

위와 같은 원리에 따라서 머리를 말려가면서 브러시로 형을 만들고, 물로 인해 잘려진 수소 결합을 연결시키는 것이 바로 블로 드라이다.

'수소 결합(hydrogen-bond)' 과 'S-bond(sulfide-bond)' 로 구성되어 있는데 'S-bond' 는 화학적 반응에 의해서만 변형될 수 있으나 수소 결합은 수분에 의해서 일시적으로 변형될 수 모발 속의 수분을 증발시킴으로써 머리를 스트레이트로 펴거나, 컬을 만드는 데 있는 것이다. 그러나 예를 들어 모발이 건조되면 수소 결합이 단단히 된 상태에서 블로 드라이는 전혀 형이 잡히지 않는다. 약간의 습기가 있는 모발을 손으로 털어서 머리끝이 다발이 되려고 하는 상태에서의 블로 드라이가 적합하다.

단백질 분자들이 쌓여진 유기체의 물질들은 아미노산(amino acid) 이라고 부른다. 이러한 아미노산은 단백질로 형성되고 화학적 반응으로 연쇄 작용(polypeptide linkadge)을 일으켜 공급하고, 이 연쇄 작용으로 모여진 크로스 본드(cross bond)로 유지한다. 이렇게 모여진 크로스 본드를 폴리펩티드라 부른다. 이러한 폴리펩티드 결합은 그림과 같이 물리적 · 화학적 작용으로 폴리펩타이드 결합은 깨지고 재형태를 이룸으로써 블로 드라이에 의한 헤어 스타일이 창출되는 것이다.

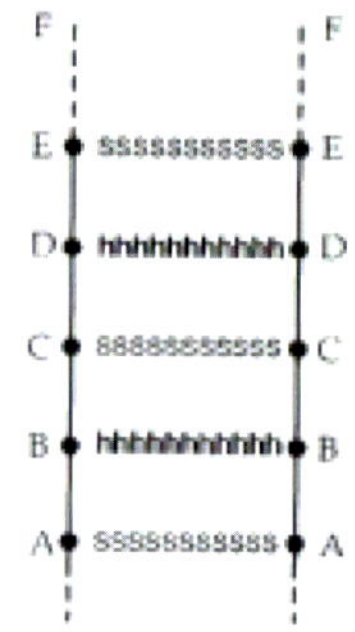

수소 결합과 시스틴 결합의 정상적 상태

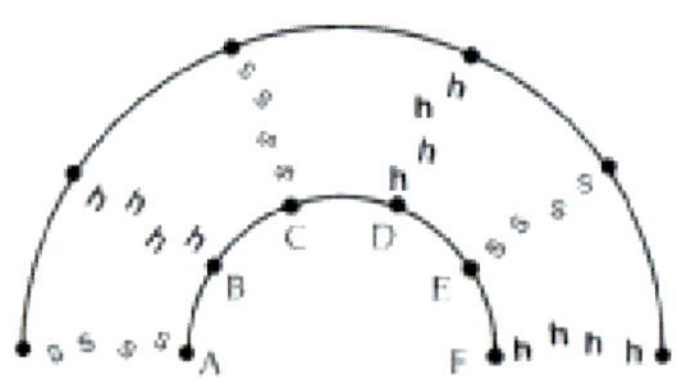

드라이 롤의 작동에 의한
수소 결합이 깨진 상태

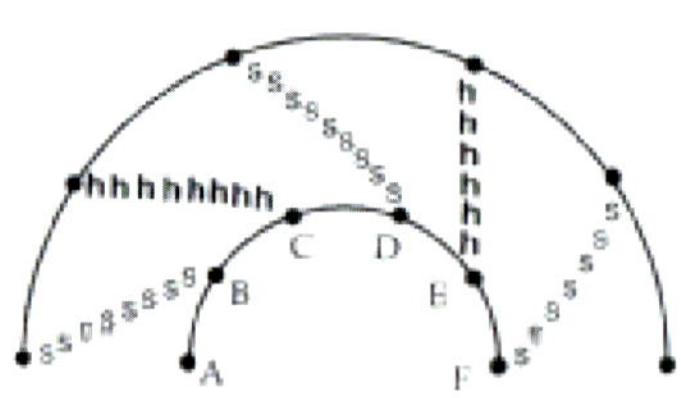

원하는 롤로 와인딩하여 드라이어로
건조시킴으로 전혀 다른 수소 결합을 이룬 상태

Chapter 3

블로 드라이 디자인의 기본 과정

1. 블로 드라이 디자인의 3대 요소

디자인이란 현실의 필요성을 느끼면서부터 출발한다. 누구든지 실생활에서 필요한 것이 무엇인지 남보다 빨리 느낄 수 있다면 새로운 헤어 스타일을 디자인해 낼 능력이 있는 디자이너라야 한다.

어떤 디자인의 구성 요소로 무엇보다도 중요한 것은 형태(form), 색(color), 질감(texture)이며, 이것을 디자인의 3요소라고 한다.

1) 형태(Form)

형태는 헤어 스타일에서 시각적인 스타일을 의미하며 구성 요소들은 점, 선, 면 입체가 있다. 그리고 형태는 우리의 감각 중에서 시각과 촉각에 의해 인식되기 때문에 색과 함께 고객의 감각적 경험을 형성하는데 중요한 요소이다.

따라서 형태를 적용시키기 위해서는 고객의 얼굴형과 체형 등을 분석하여 적합한 형태를 결정한다.

(1) 점

점은 모든 조형예술의 최초의 요소로서 한정된 고유의 크기를 가지고 있으며, 점의 크기에 따라서 시동, 교차, 기타 여러 가지 표정을 지니며 헤어 스타일에 있어서는 포인트의 느낌을 준다.

(2) 선

점의 움직임이 시작한 시점부터 끝나는 위치까지의 수많은 점들의 집합을 선이라 하며 직선, 곡선, 절선을 3대 기본선이라 한다.

1 직선

직선은 일반적으로 강하고 단순, 명확한 직접적 표현 등과 같은 남성적 이미지를 지니고 있다. 굵은 직선은 강하고 안정감을 주며, 무겁고 빠른 느낌이 없으며, 고요한 느낌인 반면 가는 직선은 섬세하고 고급스러운 느낌을 주는 반면 날카롭고 신경질적인 느낌을 준다.

① 수평선 : 좌, 우 양쪽점에서 끌어당기는 힘이 평탄한 느낌을 준다. 넓이나 폭을 느끼게 하고, 수평선은 평온하며 안정되고 조용한 느낌을 주어 형식을 차리지 않고 접근하기 쉬운 느낌을 준다.

② 수직선 : 상, 하 양쪽점에서 끌어당기는 힘이 입체적 느낌을 포함하며 높이와 도전과 중력을 상징한다.

③ 사선 : 심리적 긴장감이나 활동적인 느낌이다.

2 절선

절선은 한 점에 두 개의 힘이 번갈아 작용할 때 생기는 시각적 효과이다.

① 45° 절선 : 명확하고 냉정하며 날카로운 전진의 긴장감을 느끼게 한다.

② 90° 절선 : 노련하고 침착하며 능동적 느낌을 준다.

③ 135° 절선 : 우유부단하고 수동적이며 난처한 느낌을 준다.

3 곡선

곡선이 나타내는 심리적 효과는 대체로 여성스러움, 정다움, 부드러움, 원숙의 느낌을 준다. 즉, 곡선의 성격은 자유, 우아, 점잖음, 간접적인 여성적 느낌을 갖는다.

① 기하학 곡선 : 대단히 명확하고 이해가 빠르다.

② 자유 곡선 : 탄력적 젊음, 매력적 대담함, 우아하고 고상한 느낌을 주는 반면에 번거롭고 혼돈의 느낌도 있다.

③ 나선 : 계속적인 진행은 무한함의 느낌이다.

④ 휘어진 선 : 무기력함과 흥분의 감정을 나타낸다.

⑤ 완만하게 굽어진 선 : 안락하고 서정적 느낌을 나타낸다.

⑥ 어지러운 곡선 : 폭력, 난폭한 감정을 암시한다.

4 선의 교차에 의한 각의 종류

① 둔각 : 두상에서 둔각으로 교차시키면 양 선의 끝점이 상호 떨어지려고 하는 시각 효과가 작용하며 풍부함, 온화함을 느끼게 한다.

② 예각 : 예각으로 교차시키면 두상의 끝점은 서로 끌어당기는 힘이 작용하며, 날카롭고 차가우며 신경질적인 인상을 준다.

(3) 면

면은 주로 선의 이동이나 폭의 확대 등에 의해서 성립되며 원근감과 질감을 나타낸다. 면에는 평면과 곡면이 있다. 모든 면에서 가장 단순한 면은 평면이며, 곡면은 단곡면과 복곡면으로 구분한다.

(4) 입체

면이 이동하여 생기는 형을 입체, 즉 공간이라 한다. 입체의 형태들은 선의 심리적 특성과 유사하다.

둥근 원형은 유동적, 율동적, 부드러운 느낌을 주고 타원형이나 강낭콩 모양은 따스함, 안락함, 보호감을 준다.

2) 색(Color)

인간은 헤어 스타일이나 형태보다도 색에 대한 인상을 먼저 강하게 받고 있다. 그런데 모발의 색채는 조명에 따라 색의 효과가 달라질 수 있으므로, 디자이너는 색을 가지고 작업을 시작하기 전에 색채 감정 및 색채 조화론에 대한 지식이 필요하다. 색채 감정은 어떤 문화의 전통이 이루어진 것을 전제로 해서 성립하기 때문에 색채의 상징 효과는 각 나라의 문화, 향토, 시대에 따라서 다르며 결코 일률적은 아니다.

(1) 색의 의미

광원에서 나오는 빛이 물체에 비추어 반사, 분해, 투과, 굴절, 흡수될 때 안구의 망막과 시신경에 자극됨으로써 나타나는 감각된 현상이 색이다.

모든 색은 인간의 심리적 느낌에 따라 크게 따뜻한 색과 차가운 색으로 나누어진다.

헤어 컬러의 명도가 높은 색을 사용하면 색의 팽창성에 의하여 두상이 커 보이는 반면 명도가 낮은 색은 사용하면 색의 수축성에 의하여 두상이 작아 보인다. 또 따뜻한 색 계열은 앞으로 진출되어 보이고, 차가운 색은 뒤로 후퇴한 것처럼 느껴진다.

곱슬이 심한 모질이나 손상 정도가 심한 모발에 따뜻한 색 계열의 명도가 높은 색을 사용하면 더욱더 거칠어 보이고 손상되어 보인다.

이러한 색이 갖는 인간의 심리적 특성을 고객의 두상 형태, 얼굴형, 모질에 적용하여 헤어 컬러의 색상이나 밝기를 선택한다면 좋은 결과를 얻을 수 있다.

(2) 색의 상징

디자인 요소에서 가장 원초적인 느낌과 감정이 색이라 할 수 있다.

청색은 억압된 감정과 찬 것을 연상시키고, 적색은 삶과 반항의 상징이다. 자주색은 광란을, 백색은 희망을, 핑크색은 당황을, 황색은 평화의 우호적 감정을, 갈색은 서정적 깊은 사상을, 흑색은 실망을 연상시킨다. 미국에서의 적색은 소란, 불법적인 것을 연상시키지만 동양에서는 삶과 즐거움으로 상징되는 행복한 색이다.

3) 질감(Texture)

질감이란 두상 표면의 시각적인 질이나 모양의 특성을 가리킨다. 질감은 빛에 의해 명백해지며, 자연 상태에서의 여러 질감은 엑티베이트(activate)와 언엑티베이트(unactivate)로 나뉘며 질감의 선택은 촉감과 중량에 따라 달라질 수 있다. 첫째는 모발의 뻣뻣한 정도에 따른 촉감이고, 둘째는 모질과 모발 수에 따른 중량이다. 이 두 특성의 상호 작용은 실루엣을 결정해 주고, 보다 나은 스타일의 형태를 만들어 준다.

그리고 딱딱한 색과 질감은 같은 딱딱한 선으로 하여야 하며, 부드러운 선은 부드럽고 섬세한 질감과 색을 요구한다. 좋은 디자인의 헤어 스타일이란 모발 소재에 따른 같은 성질의 선을 골라 지배적인 선을 강하게 나타내야 할 것이다.

2. 헤어 디자인의 원리

헤어 디자인의 원리란 아름다운 헤어 스타일을 만들기 위해서 필요한 각 부분들을 유기적으로 상호 조화시키기 위한 구성 계획을 말한다.

그러므로 디자이너는 의식적인 생각을 가지고 미의 구조와 디자인의 원리에 대해 알고 있어야 하며, 사물을 공정하게 투사하고 모든 일에 평형을 이룰 수 있는 균형 감각을 가지고 있어야 한다.

1) 조화(Harmony)

하나의 조형물에 있어서 부분과 부분, 또는 부분과 전체 사이에 상호 간 안정된 관련성을 주면서 공감을 일으킬 때 조화가 성립된다고 말한다.

즉, 두 개 이상의 요소들이 상호 관계에 대한 내적 가치 판단으로서 서로 분리되거나 배척되지 않고 통일된 감각적 효과를 발휘할 때 일어나는 현상이다. 그래서 헤어 아트란 인간, 삶, 환경, 미의 조화를 탐구하고 그를 효과적으로 표현하는 것이다.

2) 반복(Repetition)

비슷한 요소들의 조합에 의해 이루어진다. 시각상 힘의 균형에 의한 감정의 효과라 할 수 있으며, 유사한 표정의 느낌은 조용하고 온화하며 때로는 단조롭게 될 수 있다.

헤어 디자인에 있어서는 모양이나 질감, 움직임 등 서로가 연합하여 비슷한 감정 효과를 꾀할 때 유사적 조화라 한다.

유사적 조화는 친근감, 융화적이며 같은 상태의 반복으로 이루어진다.

3) 대칭(Symmetry)

헤어 디자인은 디자인 요소들 상호 간의 변화에 의해서 흥미가 유발되므로 형태, 색, 질감 등의 변화를 일으키도록 대조나 대비를 계획하여 디자인하면 좋다.

대비적 조화의 디자인을 잘하려면 1차로 유사적 조화를 만들고, 2차로 대조나 대비적인 것으로 응용하는 관찰과 훈련이 필요하다.

이 훈련에는 관찰부터 시작하는데 다음과 같은 4가지가 있다.

① 분량의 조화

두상에서 각 부분이 차지하는 분량의 비율은 직선적인 것과 곡선적인 것에 대해 어떤 비율에 의해 배분되어 있는가의 관찰, 또 심플한 부분에 대해 리드미컬한 부분이 어느 정도 비율로 이루어지는가 등이다.

② 양식의 조화

스포티한 것에 대해 드레시한 느낌의 조화, 클래식(classic)한 구성에 대해 너무 모던(modern)하지 않은가의 조화이다.

③ 강약과 포인트의 조화

부드러움과 딱딱함과의 조화, 볼륨이 없는 부분과 불륨이 있는 부분과의 조화와 특징을 나타내는 포인트는 어떻게 줄 것인가의 조화이다.

④ 기타의 조화

헤어 스타일은 고객의 기호, 신체 형태, 직업, 생활 습관, 의상 등의 여러 가지 특징과의 전체 조화를 이루어야 한다.

4) 균형(Balance)

두 개 이상의 요소 사이에서 부분과 또는 전체 사이에 시각상의 힘이 안정되어 있는 것을 균형이라 한다.

균형은 대칭(symmetry)과 비대칭(asymmetry)의 두가지 형태로 인식된다.

시각적 균형은 선, 형, 분량, 방향 등의 요소에 의해 조립되어 균형을 이루면 보는 사람에게 안정감을 주고 명쾌한 감정을 느끼게 한다.

6) 비례(Proportion)

사물의 크기나 길이에 대한 가진 양의 관계를 말하며 조화의 근본이 되는 균형으로써 인간의 머리는 신장의 약 1/7이다.

아름다움 자태의 비례는 그 시대 감각, 미의식에 따라 변할 수 있다.

헤어 스타일에 있어 스타일의 높이나 폭의 비율, 키, 목둘레 등의 전신과의 비율이 헤어 디자인에서는 중요하다. 미용실에서 고객의 헤어 스타일을 디자인하다 보면 종종 체형을 고려하지 않고 스타일을 결정하는 경우가 있으며, 이런 스타일은 균형잡힌 스타일이라고 할 수 없다.

7) 율동(Rythm)

미의 요소와 부분 사이에 강한 힘과 약한 힘이 규칙적으로 연속될 때 생기는 리듬으로 활기 있는 표정과 경쾌한 느낌을 준다.

이러한 리듬을 갖는 운동으로 인해 율동은 다른 원리에 비하여 생명감, 존재감이 가장 강하다.

헤어 스타일에 있어 율동(움직임)은 헤어 스타일에 생명감, 부드러움, 자연스러움, 건강함, 순수함 등의 아름다움을 표현하는데 중요한 역할을 하게 된다.

그러므로 헤어 디자인 시 구성상 율동은 중요한 디자인 원리가 된다.

3. 블로 드라이 스타일 디자인의 조건

1) 합목적성

유행에 뒤지지 않는 뛰어난 디자인이라도 고객의 취향과 욕구를 충족 시킬 수 없는 디자인은 의미가 없다.

2) 심미성

아름다움을 추구하는 디자이너의 욕구를 표현하는 것이다.

3) 독창성

나만의 헤어 스타일을 만들기 위해 타인의 디자인을 무시하지 말고 그 디자인의 장점을 가져와 나의 디자인을 만들 때 참조로 이용하면 더 좋은 디자인을 창작해 낼 수 있다.

4) 경제성

고객이 만족하는 헤어 디자인의 가격이 그 고객에게 무리한 부담으로 작용한다면 그 고객이 살롱을 방문하는 횟수는 자연히 줄어들게 될 것이다.

4. 블로 드라이 디자인의 준비 과정

모델의 조건 → 스타일 구상 → 샴푸 및 분무 → 기구 및 재료 선택 → 실행

블로드라이의 스타일 디자인을 하기 위해서는 세분화된 준비 과정이 필수적이다.

통상적으로 드라이 시술 고객은 대부분 여성이며, 살롱 방문 시에 이미 자신이 결정한 디자인을 빠른 시간 안에 완성된 스타일을 주문하는 것을 당연시하고 있다. 하지만 헤어 디자이너는 고객과의 상담을 통해서 디자인 조건과 고객의 심리적인 요구 사항을 파악하고 사용될 기구와 재료, 스타일 구상을 완벽하게 이루어야 하며, 신속하고 정확한 시술을 위한 다양한 디자인 능력을 보유하여 디자인 과정 중에 변형된 스타일을 자유자재로 시술할 수 있는 독창적인 디자인을 표현할 수 있어야 한다. 드라이 스타일 디자인을 통해서 고객의 욕구를 충족시킬 수 있을 것이다.

5. 블로 드라이의 디자인 기초

1) 블로 드라이 시술에 필요한 소재 파악

블로 드라이 시술은 커트나 퍼머, 염색 등의 마무리 작업이다. 헤어 스타일의 마무리를 위해서는 우선 두상의 형태를 파악하여야 하며, 그에 앞서 두개골의 구조를 알고 두부의 각각의 점(point)에 따라 시술 방법을 디자인한 다음 시술에 들어가는 것이 신속하고 정확하면서 조화로운 헤어 스타일을 표현할 수 있다.

(1) 두개골의 구조

두개골은 크게 뇌를 둘러싸는 8개의 뼈로 이루어진 뇌두개(cranium)와 안면부를 구성하는 14개의 뼈는 안면골(facial bones)로 구분되어 총 22개의 뼈로 구성되어 있다. 또한 뇌두개(cranium)와 안면골의 크기에 비례하여 얼굴 형태를 나타낸다.

① 전두골(Frontal bone)

이마뼈, 두개골 앞면 이마에 있는 조개 모양으로 생긴 한 개의 뼈다.

② 두정골(Parietal bone)

마루뼈, 두개골 윗면 좌우 한 쌍 머리뼈의 윗벽을 이루고 있는 사각형의 접시 모양 납작뼈로 두개골에서 가장 넓은 부분을 차지하는 영역(zone)이다.

③ 측두골(Temporal bone)

관자뼈, 두개골 옆면 좌우 한 쌍으로 두개골 외측부의 안쪽 두개 측면 중앙에 있는 복잡한 형태의 뼈이다.

④ 후두골(Occipital bone)

뒤통수뼈, 두개골 뒷면 뒤통수 부위에 있는 마름모꼴의 뼈로서 가장 두드러진 부위를 뒤통수점(inion, back point)이라 하며, 두개골 계측에 있어서 중요한 기준점이 되기도 한다.

⑤ 접형골(Sphenoid bone, Fracture bone)

나비뼈, 두 개의 중앙부에 위치하는 나비 모양의 뼈로 측두골의 옆면 좌우 한 쌍의 뼈로 안면과 연결되어 있다.

⑥ 안면골(Facial bones) – 15개

비근골(2), 누골(2), 아래비갑개골(2), 상악골(2), 관골(2), 구개골(2), 서골, 하악골, 설골

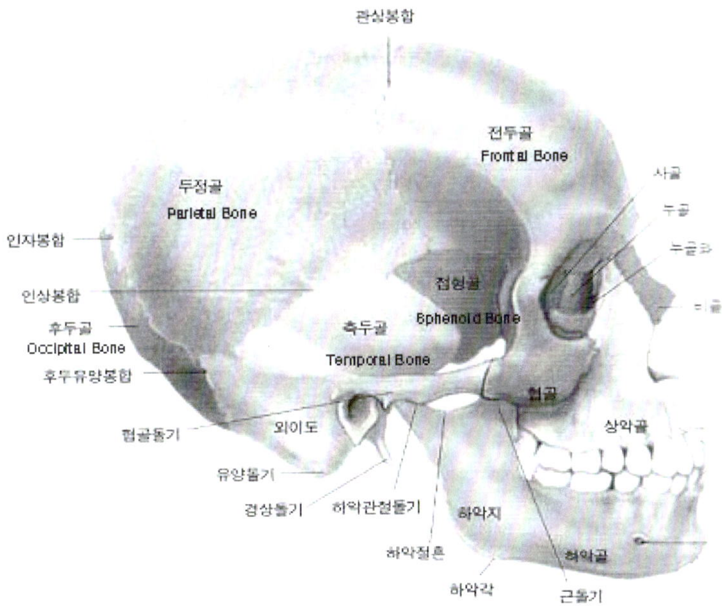

(2) 두부의 명칭

블로 드라이를 시술할 때에는 컷트, 퍼머넌트 웨이브의 시술 방법과 마찬가지로 가장 이상적인 두상의 형태를 만들어야 한다. 이상적인 두상의 형태란 좌우가 비뚤어짐이 없이 연결되어 조화를 이루어야 하는데, 개개인이 가지고 있는 두상은 각기 다르다. 그러므로 아래 그림의 포인트를 주시하여 볼륨의 높낮이를 맞춰 나가면서 시술하는 것이 적절한 방법이다.

① E.P(Ear Point)

② C.P(Center Point)

③ T.P(Top Point)

④ G.P(Golden Point)

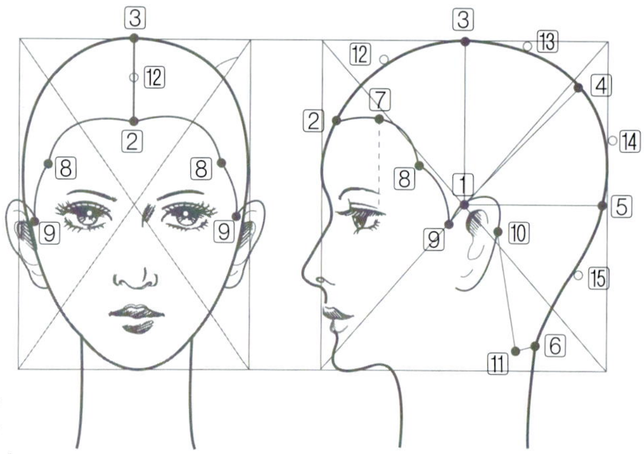

⑤ B.P(Back Point)
⑥ N.P(Nape Point)
⑦ F.S.P(Front Side Point)
⑧ S.P(Side Point)
⑨ S.C.P(Side Corner Point)
⑩ E.B.P(Ear Back Point)
⑪ N.S.P(Nape Side Point)
⑫ C.T.M.P(Center Top Medium Point)
⑬ T.G.M.P(Top Golden Medium Point)
⑭ G.B.M.P(Golden Back Medium Point)
⑮ B.N.M.P(Back Nape Medium Point)

(3) 얼굴형에 따른 분류

블로 드라이의 디자인을 함에 있어 중요한 과제 중의 하나로 소재의 얼굴형을 파악하여 디자인을 설정하는 것이 고객의 만족도를 높일 수 있다.

예를 들어, 역삼각형(heart shape facial type)의 소재에 숙련된 테크닉을 구사하여 수직선(vertical)의 나선형 컬을 디자인하여 시술하였다면 두상과 얼굴이 더 길어 보이고 하반신이 짧아 보이는 착시효과의 결과로 적절한 디자인이 될 수 없기 때문이다.

① 오벌 페이셜 타입 (Oval facial type) : 계란형
② 라운드 페이셜 타입 (Round facial type) : 둥근형
③ 스퀘어 페이셜 타입 (Square facial type) : 정방형
④ 오브롱 페이셜 타입 (Oblong facial type) : 장방형
⑤ 다이아몬드 페이셜 타입 (Diamond facial type) : 마름모형
⑥ 트라이앵글러 페이셜 타입 (Triangular facial type) : 삼각형
⑦ 하트 셰이프 페이셜 타입 (Heart shape facial type) : 역삼각형

(4) 헤어 디자이너가 갖추어야 할 자세

헤어 디자이너로서 고객을 대할 때 우선시되는 것이 친절성이다.

미용 업무는 서어비스업이므로 고객의 욕구가 무엇인지를 잘 파악하여 설정된 디자인에 대한 공감대를 형성하도록 노력함으로써 헤어 디자이너를 신뢰하게 되며 편안한 마음으로 시술을 맡기게 된다.

Chapter 4

블로 드라이의 기본 테크닉

1. 시술 자세

1) 드라이어의 사용법

젖은 모발을 말리거나 곱슬을 펴는 시술 시에는 뜨거운 강풍을 사용하고 고정시킬 때에는 냉풍을 사용한다

(1) 드라이어 쥐는 법

드라이어 쥐는 방법은 두 가지가 있으며 시술자의 편의대로 어느 방법을 사용해도 무관하다.

① 노즐 잡는 법

살롱에서 많이 쓰는 스타일이다. 웨이브의 방향에 따라 자유자재로 바람의 방향을 쉽게 조절함으로써 명확한 웨이브를 얻을 수 있어 작은 포인트 부분을 강하게 드라이 할 수 있는 장점이 있다.

② 손잡이 잡는 법

가장 기본 자세이며 헤어 스타일의 전체를 볼 때에 넓게 쓸 수 있고, 일반적으로 스트레이트 스타일을 완성할 때 사용되는 방법이다.

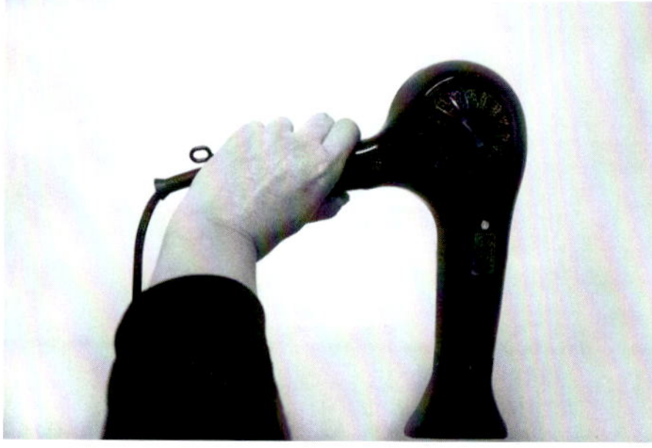

(2) 드라이를 대는 방법

드라이어의 노즐과 브러시에 감겨진 스트랜드를 135° 정도의 사선으로 약 1cm 정도 띄우며 브러시의 이동을 따라가도록 한다. 수직으로 열풍이 직접 닿으면 스트랜드에 브러시 자국이 남을 뿐만 아니라 윤기를 낼 수가 없다.

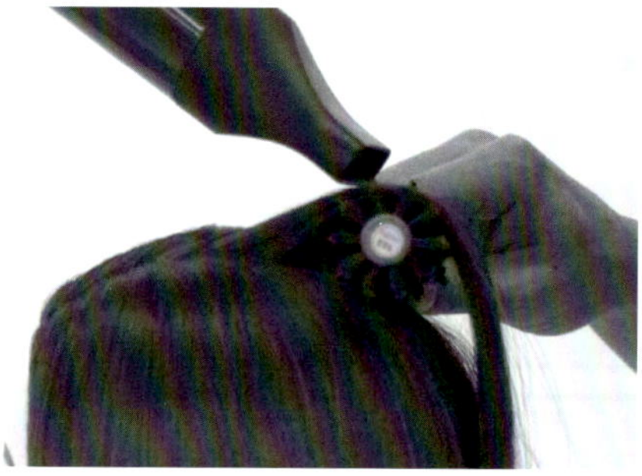

2) 패널을 뜨는 방법

블로 드라이어의 목적이나 소재의 상태에 따라서 변할 수도 있으나, 브러시 손잡이 끝이나 핀셋 또는 손가락으로 모근에서 브러시의 지름 정도의 두께 브러시 빗살의 80%만 덮을 정도가 적당하다.

〈핀셋 이용〉

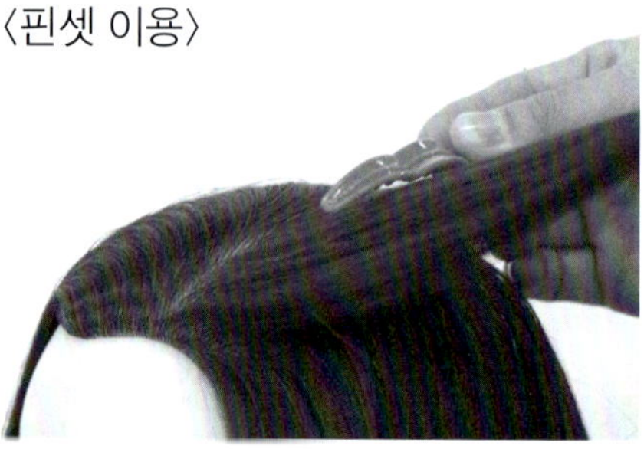

〈손 이용〉

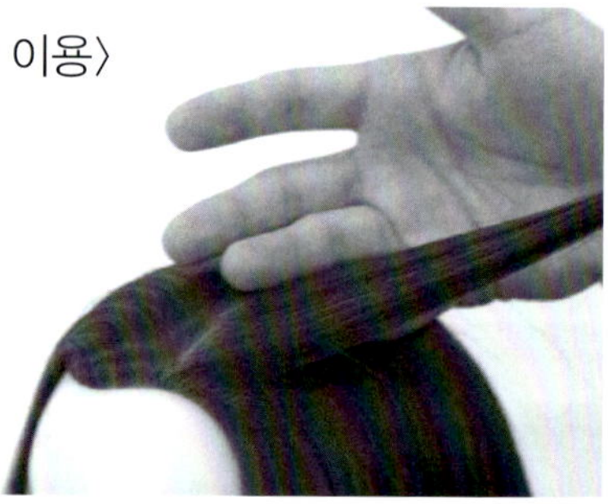

3) 브러시 사용 방법

(1) 롤 브러시(Roll brush)를 잡는 방법

롤 브러시(roll brush)를 잡는 방법으로서 바깥쪽으로 머릿결을 뺄 때와 안쪽으로 섹션(section)을 잡아서 굴릴 때 사용하는 기법으로서 손가락에 균등한 힘을 주고 중심을 잡고 일정하게 롤(roll)을 돌려 준다.

(2) 브러시를 넣는 자세

(3) 브러싱을 위한 모발의 조건

희망하는 스타일에 따른 정확한 커트, 적당한 퍼머와 컬러링이 완성되어 있는 상태에서 샴푸와 컨디셔너(conditioner)로 모발을 잘 정리하여 필요량의 제품을 도포한 후 머리 흐름 또는 목적에 맞는 헤어 셰이핑(hair shapping)을 시술할 수 있도록 모발 내 수분이 20% 정도가 될 때까지 모근의 방향을 자유롭게 구사해가면서 핸드 드라이(hand dry)하도록 한다.

핸드 드라이(hand dry) 시술은 먼저 모근의 각도와 방향에 의한 모선의 방향을 확인하여 디자인한 스타일과 머릿결 흐름의 조화와 축모로 인해서 자연적인 컬이 형성되어 있는지 확인하고, 모선과 모선의 자연스런 연결을 위하여 모발의 흐름에 반대 방향으로 블로잉(Blowing)하여 볼륨을 만들어야 하며 페이스 라인(face line), 넥 라인(neck line), 네추럴 파팅(natural parting) 등을 주의하여 관찰하여 디자인한 스타일의 시술에 용이하도록 한다.

(4) 두피에 대한 브러시의 각도(Angle)

드라이 시술 스타일 구성에 필요한 모근의 볼륨을 감안하여 브러시의 시술 각도를 설정한다.

1 45°

뿌리쪽의 볼륨이 불필요한 부분이나 머리숱이 많아 지나치게 많은 불륨을 다운시킬 때 후두골(occipital bone) 부분의 확실한 방향성에서 주로 사용한다.

2 90°

가장 기본적이고 편안한 볼륨을 줄 때, 골든 포인트(G.P)와 백 포인트(B.P) 사이의 드라이를 할 때 주로 사용되며, 방향성이나 볼륨감이 안정적이고 보완이 용이하다.

③ 120°

크라운(crown)의 볼륨을 살릴 때 사용되는 각도로 모근의 볼륨을 많이 줄 수 있는 각도로 뒤 두상이 납작하거나 모량이 적을 때 용이한 시술 각이다.

④ 135°

모근의 볼륨을 가장 많이 줄 수 있는 각도로 두상이 유난히 낮거나 머리숱이 적은 부분의 볼륨을 줄 때, 주로 탑 포인트(T.P)와 골덴 포인트(G.P) 사이에서 많이 사용되는데 각이 크므로 결의 안정성이 결여되어 방향감을 잃기 쉽다.

45°

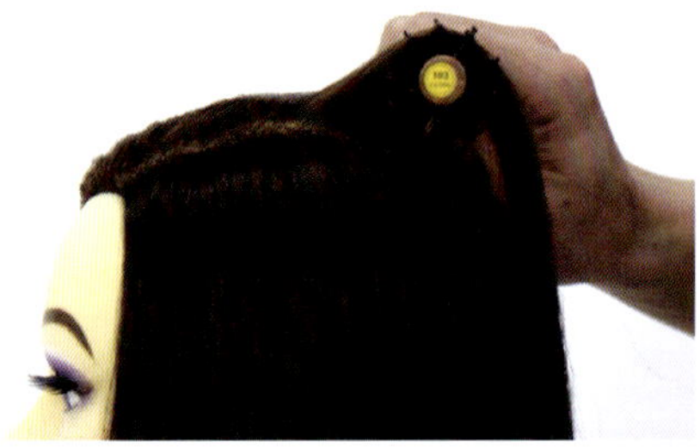

90°

120°

135°

	방향성	볼륨감
브러시 각도 〈 90℃	큼	작음
브러시 각도 = 90℃	중간	중간
브러시 각도 〉 90℃	작음	큼

(5) 브러시의 방향

헤어 스타일을 디자인함에 있어 모든 스타일은 방향성이 있다.

고객마다 두상의 형태, 얼굴형, 모량, 길이, 신장, 체형 등 각각 다른 소재의 스타일을 디자인하기 위해서 섹션의 방향에 따른 브러시의 방향이 정해진다

① 수평선(Horizontal line)

가장 기본적인 스타일을 구사하기 위하여 흔히 사용하는 방법으로 스트레이트의 디자인에 가장 알맞으며, 층이 없는 롱 헤어의 컬을 구사할 때에도 선택된다.

② 사선(Diagonal line)

실무에서 가장 많이 선택되는 선이다. 두상이 둥글기 때문에 어떤 스타일이든지 시술하는데 꼭 선택되어야 한다.

③ 수직선(Vertical line)

모발 길이가 길면서 층이 있는 모델의 컬을 형성과 함께 볼륨감과 생동감을 표현하고자 할 때 선택한다.

(6) S브러시 사용법

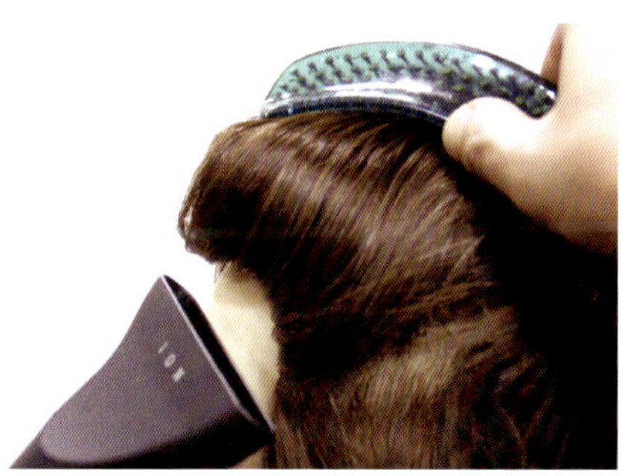

4) 시술 시 유의 사항

(1) 시술 시간

설정된 디자인에 따라 시술 순서를 정하고, 될 수 있으면 손에 익은 동작으로 빠르게 시술해 나간다.

(2) 고객에 대한 배려

고객의 주문에 따라 서두르지 말고 고객의 모발이 브러시에 걸려 뜯기거나 아프지 않게 시술해야 하며 드라이어의 열풍이 목, 귀 뒷부분, 두피에 닿아서 뜨겁지 않도록 조심한다.

2. 블로 드라이의 기본 테크닉

1) 스트레이트 플랫 기법 (Straight flat technique)

직모 형태의 시술 방법으로 두상의 곡면을 사전에 체크하여야 하며, 모발의 굽어짐이 없도록 모근의 볼륨을 보충한 다음 모선에서 자연 시술 각(natural fall)으로 롤 아웃(roll out)한다.

섹션을 떠서 모근에 브러시를 넣어 45° 의 위치에 드라이기의 노즐을 향하게 하여 일정한 텐션과 일정한 열풍을 쐬어 모선단 쪽으로 2회 정도 내려온 다음, 모근에 브러시를 가져가 2~3회 텐션을 주고 회전을 시켜서 볼륨을 주고 싶은 부분에 열풍을 쐰 다음, 브러시를 회전시키지 않은 채로 하향하여 모선의 끝자락이 보이면 자연 시술 각(natural fall)으로 롤 아웃(roll out)한다.

2) 곡선 기법(Curve technique)

머릿결의 방향성을 주기 위한 기법으로서, 브러시를 잡은 손목을 회전시키면서 시술하는 기법이다.

커브가 시작되는 부분을 기점으로 브러시를 올려 드라이어의 열풍으로 베이스를 고정시킨 다음 브러시를 잡은 손목을 꺾어 주면서 미끄러지듯이 롤 아웃(roll out)한다.

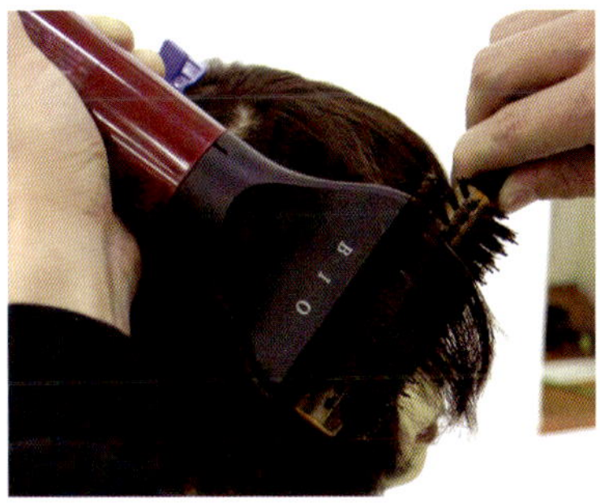
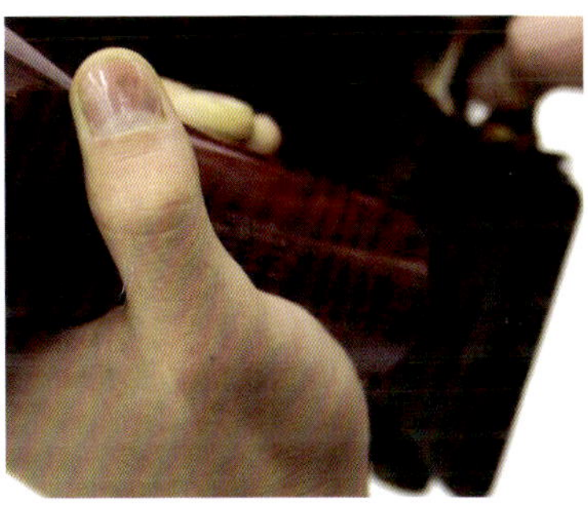

3) 와인딩 기법(Winding technique)

롤 브러시를 이용해서 머리 다발을 뜬 패널을 와인딩하듯이 감는 동작을 말하는 것으로 안정된 5개의 손가락을 잘 이용하여 움직이는 롤링 기법(rolling technique)이다.

일정한 섹션을 떠서 모근부터 한번 브러싱을 한 다음에 일정한 텐션으로 모발 끝부분부터 감아 드라이어의 열풍을 바깥쪽 135° 부분부터 일정하게 쐬어 준 다음 안쪽도 같은 방법으로 드라이어의 열풍을 쐬어 준다.

동시에 일정한 텐션으로 스트랜드를 감아 나가면서 드라이어의 열풍을 쐬어 준다.

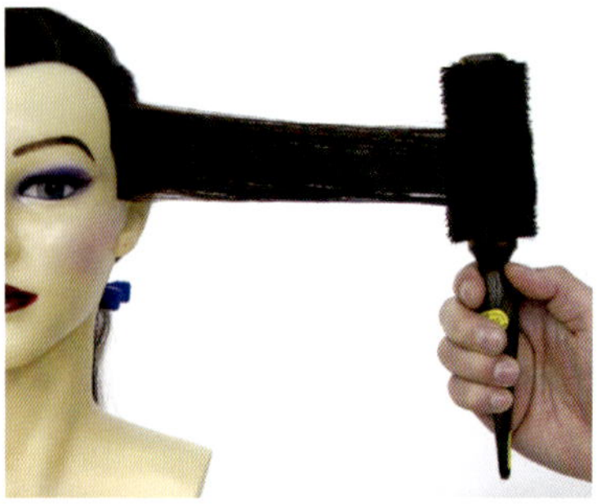
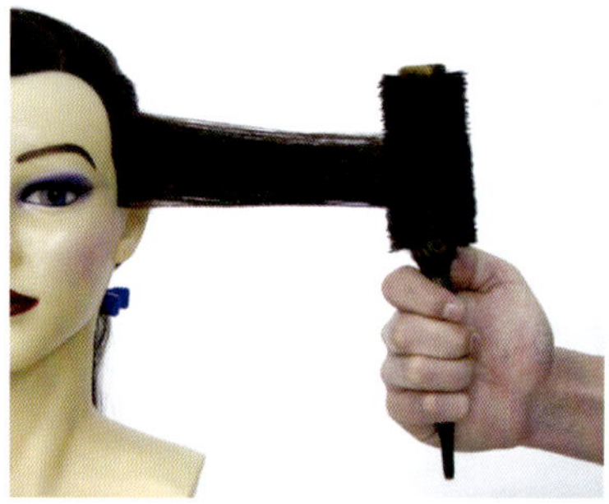

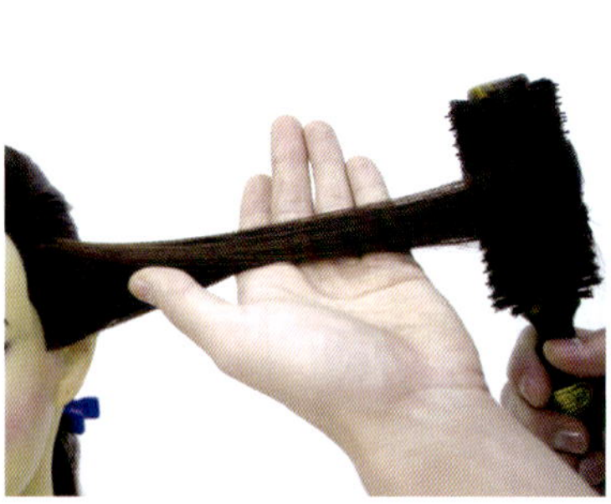

4) 엘리베이션 기법(Elevation technique)

섹션을 뜬 위쪽에서 브러시로 잡아서 일정한 위치로 올라감에 따라 모발의 결이 서서히 떨어져 겹쳐지면서 부풀어 오르는 연출을 위해서 이용하는 기법으로 브러시를 거의 수평에 가깝게 회전시키면서 브러시의 각 부분에 걸쳐진 머리 다발을 드라이어의 열풍을 쐬어 준다.

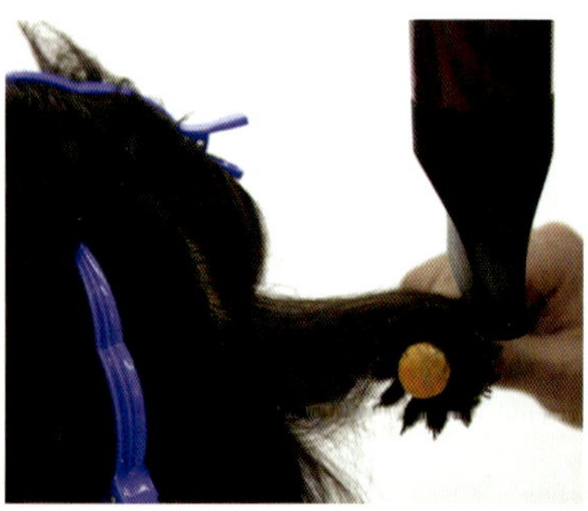
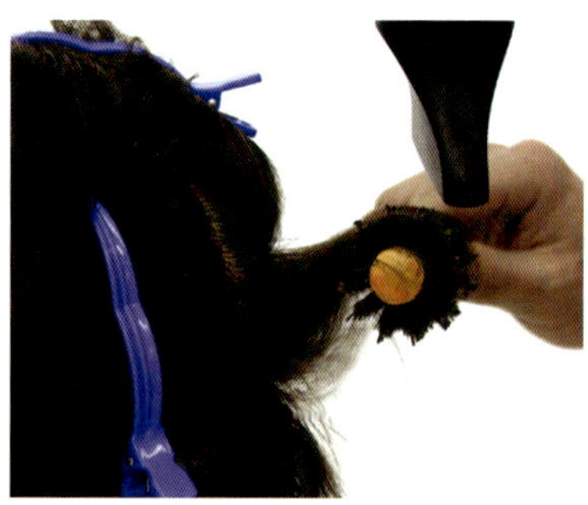

5) 스쿠프 기법(Scoop technique)

모근의 일어섬을 강하게 한다든지, 또는 모발 면을 윤기가 나게 한다든지 할 때 사용하는 기본적인 기법이다. 섹션을 안쪽부터 집어넣어 뜨듯이 패널을 잡는 것이 요령으로 섹션의 모근부분에 브러시를 회전시키면서 집어넣어 1/4 정도 회전시키면서 서서히 모발의 면을 드라이가 따라가면서 위로 서서히 브러시 아웃(brush out)한다.

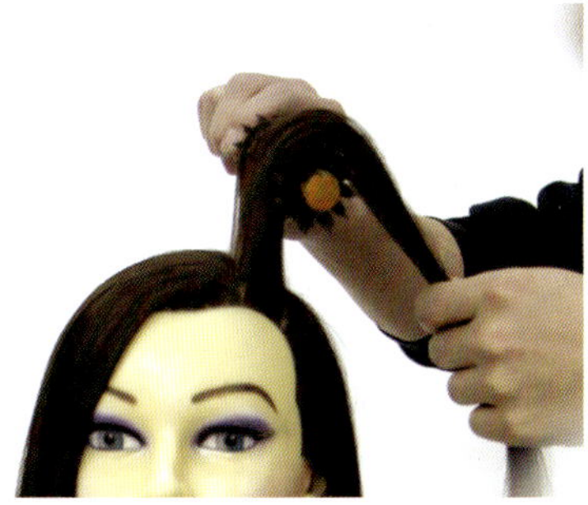

6) 슬라이딩 기법(Sliding technique)

모근을 들어주고 스트랜드 방향의 커브 라인(curve line)을 만들기 위한 기법으로 모근의 기점이 되는 부분에 브러시를 넣어 스트랜드에 열풍을 주면서 서서히 향하고자 하는 방향으로 브러시 위치를 바꾼 뒤 커브 라인을 만들기 위한 다운 스템(down stem)으로 드라이어의 열풍을 주면서 인커브를 시키면서 아웃트한다.

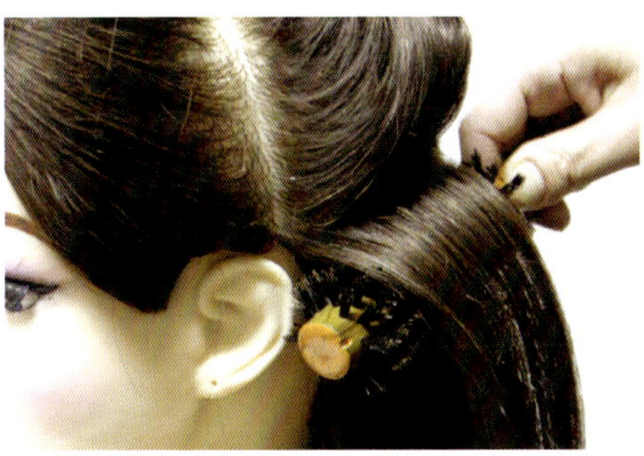

7) 볼륨을 내는 방법

볼륨을 내고 싶은 부분의 모근 깊숙이 브러시를 넣고 회전시키면서 업 스템(up stem)의 방향으로 각도를 들어서 서서히 이동시킨다. 이때 드라이어는 바깥쪽과 안쪽을 번갈아 가면 쐬어주어야 한다.

(1) 볼륨 다운 기법 (Volume down technique)

네이프와 프런트 등의 볼륨을 줄이고 싶은 부분을 위해서 다운 스템(down stem)으로 브러시를 향하도록 하고, 드라이어의 열풍을 쐬는 각도는 낮춘다.

(2) 볼륨 업 기법 (Volume up technique)

톱 등의 모근의 살리고 싶은 부분을 위해서 업 스템으로 브러시를 향하게 하고, 모근을 세워 나간다. 드라이어의 열풍은 모근이 서듯이 비스듬한 각도로 쐰다.

① 0° ~ 90° 사이는 긴머리의 스트레이트나 웨이브 사용하는 각도로서 모근의 방향성은 있으나 볼륨은 크지 않다.

② 90° ~ 120° 사이는 모근의 방향성과 일정한 볼륨을 얻을 수 있고 탄력(tension)을 얻을 수 있는 각도로 스타일에 따른 수정과 보완이 가능하다.

③ 120° ~ 135° 사이는 스트랜드의 풍성한 볼륨감을 만들고, 탄력도 주며 브러시에 일정한 열의 전달로 탄탄한 컬을 얻을 수 있으나 머릿결의 안정성의 결여로 방향감을 줄 수 없는 경우가 허다하다.

8) 머릿결에 윤기를 내는 방법

드라이어는 적당한 간격(약 1cm)을 유지하고, 브러시는 교대로 회전시키면서 패널을 서서히 이동시켜 준다.(단, 머리 끝 부분이 빠지지 않도록 브러시를 회전시켜야 윤기가 난다)

9) 베이스(Base)의 분류

(1) 온 더 베이스(On the base)

롤 브러시가 섹셔닝한 패널의 중앙에 위치할 때를 말한다.

(2) 사이드 베이스(Side base)

롤 브러시가 섹셔닝한 패널의 한쪽 라인에 치우쳐 위치할 때를 말한다.

(3) 오프 더 베이스(Off the base)

롤 브러시가 섹셔닝한 패널위치를 이탈하여 다른곳에 존재할 때를 말한다.

Chapter 5

블로 드라이의 실제

제4장에서의 기본 테크닉에 따라 마네킨 소재의 조건에 따른 여러 기법들을 가미하여 시술한다.

1. 롱 스타일의 직모(Long Straight style)

롱 헤어는 시술 방법에 따라 여러 스타일의 변형이 가능하며 직모(straight style)는 청순함과 순수함을 연출할 수 있어 젊은 여성들 사이에서 특히 선호하는 스타일이다.

직모(straight style) 드라이를 시술함에 있어서는 브러시 각도를 어떻게 주느냐에 따라서 아웃 라인(out line)의 형태가 달라진다.

① 먼저 두피 부분의 수분을 제거하고 모발의 수분이 20%가 될 때까지 모근에서 올라온 모류를 디자인에 따라 방향을 맞춰가면서 핑거 드라이 기법으로 건조시킨다.

② 톱 포인트를 지나는 이어 투 이어(ear to ear) 라인으로 사이드(side)와 백(back)을 파팅(parting)한 다음 백 파트(back part)를 세로로 3등분 블로킹(blocking)하여 각각의 블록을 네이프에서 톱으로 시술해 나간다.(롱 헤어는 전체 길이를 4등분으로 나누어 1/4의 모근부는 볼륨을 조절하면서 말리며 그 다음 1/2지점까지 브러시를 곧게

끌어내려 오면서 풀어주고 3/4지점에서 모 선단까지 내려와서 자연 시술각(natural fall)으로 풀 다운(pull down)한다.)

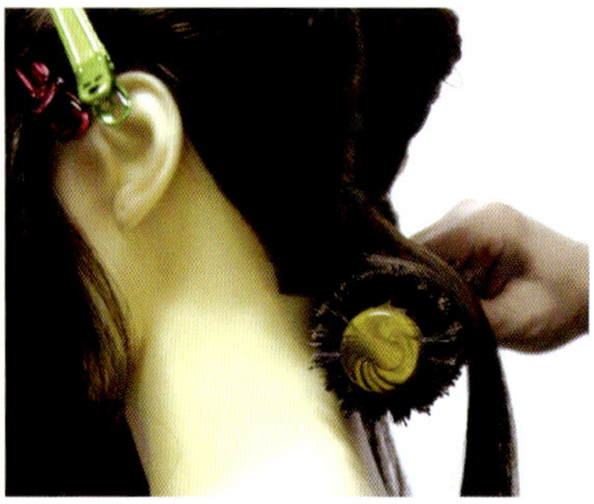

③ 백 센터 파트(back center part) : 호리존탈 섹션(horizontal section)으로 롤 브러시의 지름만큼 패널을 떠서 section과 평행으로 놓아 열풍을 가하면서 2회 정도 당긴 다음 롤 브러시의 빗살이 네이프를 스치면서 빠져 나온다.

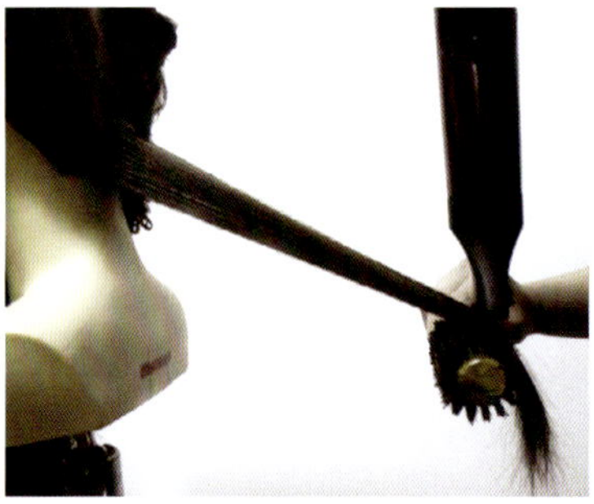
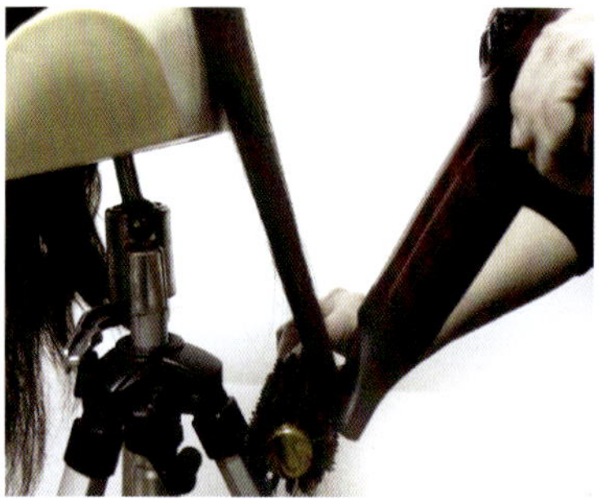

④ 백 포인트까지는 3~4등분하여 드라잉(drying) 하되 모근의 볼륨이 백 포인트보다 돌출되지 말아야 하며, 곡선 기법을 적용해서도 안된다.

⑤ 백 포인트 윗부분부터 톱 포인트까지 3~4등분하여 시술하며, 모근에 볼륨을 넣기 위하여 두피에서는 점차적으로 롤 브러시의 각도를 많이 준 다음 스무스(smooth)하게 드라잉(drying)하여 백 포인트에 이르면 아래 섹션에 얹지 듯이 하면서 모 선단부에서는 롤 브러시를 약간 털어내는 기분으로 풀 다운한다.

(톱 포인트에 볼륨을 원할 때에는 135°로 시술하여야 90°의 효과를 얻을 수 있다. 톱 포인트에 볼륨을 원하지 않을 때에는 두상의 곡면을 따라 브러시를 일자형으로 풀 다운한다.)

⑥ 백 사이드 파트(back side part) : 호리존탈 섹션(horizontal section)으로 하되 헴라인(hem line)에서는 모근에서는 백 센터(back center)의 높이에 맞춘 각도를 주어 볼륨을 살려야만 뒤집어지지 않는다.

⑦ 백 포인트 윗부분부터 이어 투 이어 라인(ear to ear line)까지도 두상의 곡면을 따라 모근에 볼륨을 넣어가면서 스무스하게 드라잉하여 백 포인트에 이르면 아래 섹션에 얹지 듯이 하면서 모 선단부예서는 롤 브러시를 약간 털어내는 기분으로 풀다운한다.

⑧ 사이드 파트(side part) : 약간 앞으로 기울어진 호리존탈 섹션(horizontal section)으로 4등분하여 시술하며 제1~2 패널에서는 귀를 스치듯이 풀다운하면서 롤 브러시의

한쪽 면을 백 사이드 파트의 경계 부분과 살짝 겹치면서 작동시켜야 볼륨이 생기지 않고 백 사이드 파트와 매끈하게 연결시킬 수 있다.

⑨ 관자놀이(temple area)의 윗부분은 리세션 에어리어(recession area)로 모량도 적고 모발의 굵기도 가늘어 다른 부분보다 더 많은 볼륨을 필요로 한다. 따라서 패널의 두피에서는 각도가 있어야 하며, 귀를 지나는 지점에서는 롤 브러시를 반드시 풀 다운 하면서 바로 아래 패널에 얹어준다.

⑩ 톱 파트(top part) : 네추럴 파팅(natural parting)에 따라 좌측 가르마(left parting), 우측 가르마(right parting), 중간 가르마(center parting), 가르마 없음(no parting)으로 나누어진다.

- 중간 가르마(center parting)는 호리존탈 섹션(horizontal section)으로 가르마의 방향과 평행으로 섹셔닝(sectioning)하여 패널을 톱 높이 만큼의 위치로 가져가 롤 브러시를

넣어 브러시의 한쪽 면이 이어 투 이어 라인(ear to ear line)에 겹치듯이 두상 곡면을 따라 브러시를 작동시킨다.

특히, 가르마의 양쪽 경계면의 패널은 롤 브러시의 자국이 생기지 않도록 엉김이 없이 풀 다운한다.

- 좌측 가르마(left parting), 우측 가르마(right parting)는 양쪽 사이드의 모량이 달라 자칫 기울어 보이기 쉽다. 따라서 레이디얼 섹셔닝(radial sectioning)으로 프론트 사이드 포인트(F.S.P)의 움푹 들어간 부분에 볼륨을 주어 앞으로 모발이 한꺼번에 쏠리는 것을 방지한다.
- 가르마 없음(no parting) : 시술자가 모델의 뒤에서 지그재그 섹션(zigzeg section) 방법으로 섹셔닝하여야 한쪽으로 치우치지 않게 되고 벌어짐이 없으며 패널의 높이는 톱의 위치로 가져간 다음 앞에서 뒷 방향으로 롤 브러시를 섹션과 평행으로 넣어 두상의 곡면을 따라가면서 브러시를 작동시켜 풀 다운한다.

⑪ 전체적인 정리 : 스트레이트 스타일의 생명인 윤기를 부여하기 위해 그로스 스프레이(gross spray), 샤인 스프레이(shine spray)를 사용하면 한층 더 아름다움이 연출될 것이다.

2. 세미롱(Semi long) 스타일의 안마름 기법(In roll technique)

보브 스타일(bob style)은 젊은 여성들에게 잘 어울리는 내추럴한 스타일로서 정교하면서도 딱딱하지 않은 실루엣의 가볍고 자연스러운 이미지를 연출할 수 있다.

또한 각각의 섹션마다 볼륨의 형성과 모 선단이 안쪽으로 들어가는 롤(roll)을 형성하는 기법으로서 페이스 라인(face line)을 커버하여 청순한 이미지의 연출이 가능하기도 하다.

<시술 순서>

① 이어 투 이어(ear to ear) 라인으로 사이드(side)와 백(back)을 파팅한 다음 백 파트(back part)를 3등분 블로킹하여 각각의 블록을 네이프에서 시작하여 톱으로 시술해 나간다.

② 백 파트(back part) : 네이프의 하단에서 호리존탈 섹션(horizontal section)으로 롤 브러시의 지름만큼 패널을 떠서 패널 아래 모근에 롤 브러시를 섹션과 평행으로 놓은 다음 두피 부분에서 모발을 브러시에 강하게 밀착시킨 다음 바닥 면과 평행으로 드라이어의 열풍을 모발 끝 부분까지 일직선으로풀 다운 한 다음 다시 롤 브러시를 모근에서 아래 방향으로 드라잉하여 모 선단에서 브러시의 한 바퀴를 감아 롤(roll)하면서 풀 다운으로 빗살이 네이프를 스치면서 빠져나온다.

③ 백 포인트까지는 3~4등분하여 드라잉하되 모근에 각도를 주어서는 안 된다.

④ 백 포인트 윗부분부터 톱 포인트까지 3~4등분하고 모근에 볼륨을 넣기 위하여 두피에 롤 브러시를 강하게 밀착시킨 다음 스무스하게 드라잉하여 백 포인트에서는 아래 섹션에 얹듯이 하면서 모 선단부의 길이를 확인하여 아래 섹션의 C자형의 컬이 시작되는 지점에서 롤 브러시를 감아 모선 끝에서 롤 브러시에 남아있는 열을 식히면서 아웃한다.

(크라운에 볼륨을 만들지 않으면 안마름이 뒤집어지기 쉽기 때문에 시술 각에 신경을 써야 하며, 각각의 가로 섹션끼리의 시술 각도 좌, 우 대칭을 이루어야 한다.)

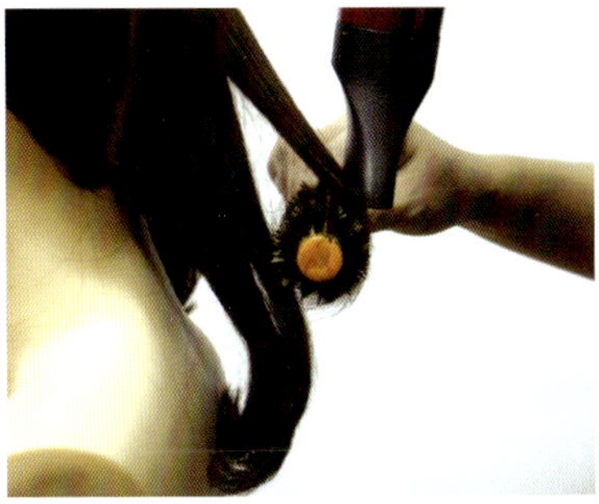
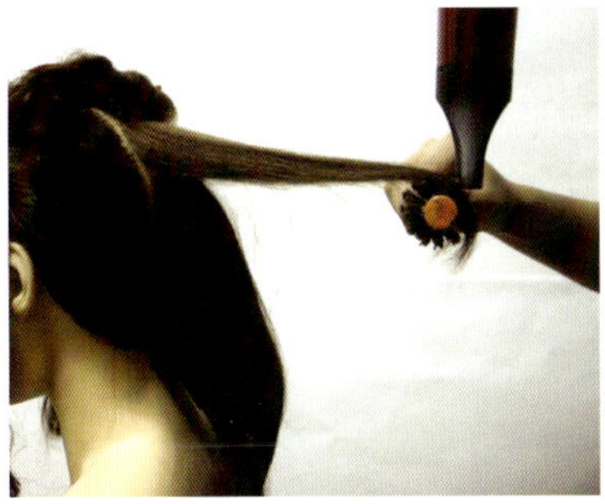

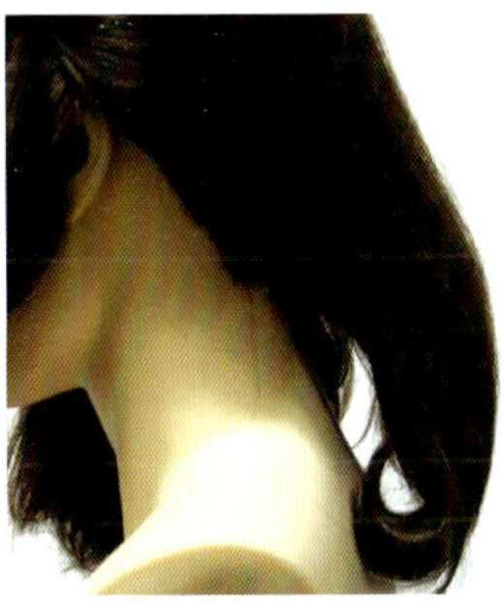

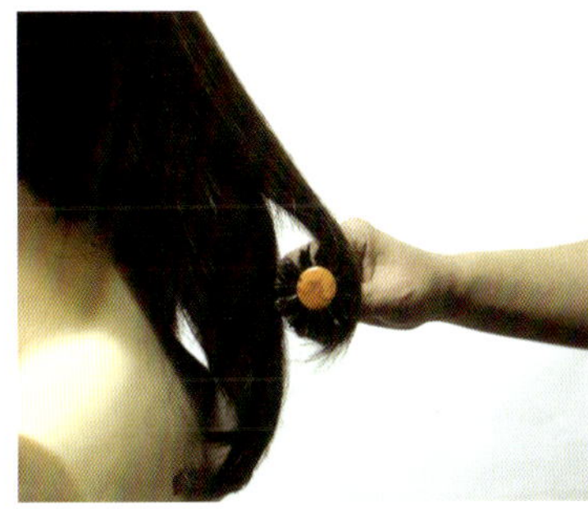

⑤ 백 사이드(back side) : 포워드 섹셔닝(forward sectioning)하여 패널에 평행으로 브러시를 고정시킨 다음 네이프는 각도를 많이 주어 모근의 볼륨을 살린 다음 위와 같은 방법으로 시술한다. 크레스트 에어리어(crest area)에 와서는 모근의 볼륨을 점차 낮추어 시술하여 모 선단으로 갈수록 아래 패널을 스치면서 롤링(rolling)해줘야 한다. 크라운(crown)은 모근의 볼륨을 좀 더 주도록 하되 모선은 아래 패널과의 각도가 벌어져서는 안 된다.

⑥ 사이드 파트(side part) : 포워드 섹셔닝(forward sectioning)으로 3~4 등분한 각각의 패널은 섹션과 평행이 되게하고 모 선단부의 한 바퀴는 롤 브러시를 회전시키면서 컬을 형성하여 이어 투 이어 라인(ear to ear line)과 교차하듯이 풀 백(pull back)하면서 시술해 나간다.

(페이스 라인은 모량이 일정하지 않고 페이스쪽으로 갈수록 높이가 낮아지므로 포워드 섹셔닝(forward sectioning)으로 이어 투 이어 라인(ear to ear line) 쪽으로 풀 백(pull back) 해주지 않으면 페이스쪽으로 쏠려서 뒤집어 지기 쉽다.)

⑦ 톱 부분(F.S.P~part) : 백 파트와 같은 방법으로 드라잉한다. 이때 뿌리는 살리되 자국이 지지 않게 하여 톱 포인트에 다다르면 패널을 두피에 스치면서 네추럴 폴(natural fall)로 시술하여 롤 브러시가 한 바퀴 감길 정도의 위치에 오면 풀 다운으로 회전시키면서 아래 패널과 사이가 벌어지지 않게 아래 패널 위에 얹어 준다.

3. 세미 롱(Semi long)의 바깥 마름(Out roll)

리버스 컬(reverse curl), 삐침머리라고도 한다. 모근에는 볼륨감을 주면서 모 선단 부분이 뒤집혀지게 컬(curl)을 형성하는 기법으로 젊어 보이고 생기발랄해 보이는 스타일이다.

컬을 형성하기 위해서는 롤 브러시의 사이즈가 너무 크면 컬의 형성이 안정되지 못하며, 모발 길이는 어깨보다 위의 길이에 적당하며 표면에 층이 있는형이 아웃 컬(out curl) 시술에 용이하다.

또한 모발 길이가 짧을수록 백 포인트 윗부분은 시술하지 말아야 하며, 롤 아웃하는 각도에 따라 지장을 받고 수분이 없으면 뒤집어지지 않고 푸석해 보인다 .

따라서 일정한 섹션으로 모근의 볼륨을 준 다음 배꼽의 위치에서 한 바퀴 바깥으로 말아 온풍과 냉풍을 교대로 적용시킨 다음 아래 패널 위에 자연스럽게 뒤집어지도록 롤 아웃한다.

<시술 순서>

① 이어 투 이어(ear to ear) 라인으로 사이드와 백을 파팅(parting)한 다음 백 파트(back part)를 3등분 블로킹하여 각각의 블록(block)을 네이프에서 시작하여 톱으로 시술해 나간다.

② 백 파트(back part) : 호리존탈 섹션(horizontal section)으로 롤 브러시의 지름만큼 패널을 떠서 섹션의 모근에 롤 브러시를 평행으로 놓은 다음 바닥 면과 평행으로 드라잉하여 아래 모선 쪽으로 일직선으로 풀 다운한다.

③ 다시 롤 브러시를 모근에서 아래 방향으로 드라잉하다가 모 선단에서 브러시의 한 바퀴를 바깥쪽으로 감아 롤(roll)하여 아래에 열풍을 잠시 주어 뜸을 들인 후 빗을 돌리면서 왼손으로 움푹 파인 곳을 고정시켜 ㄴ자형으로 브러시 아웃한다.

(모발 끝 부분에는 열풍과 냉풍을 번갈아주어야 탄력적인 컬을 얻을 수 있으며, 롤 브러시가 아웃할 때의 방향이 두피에 밀착되어 위를 향해서 빠져나올수록 뒤집어짐이 강하다.)

④ 백 포인트까지는 3~4등분하여 드라잉한다. 시술 각이 생기면 뒤집어짐의 표현이 부자연스럽기 때문에 브러시를 두피에 밀착시켜 시술한다.

⑤ 백 포인트~골든 포인트까지는 2 섹션으로 나누어 각각의 섹션의 모근부의 볼륨은 형성시켜야 하며, 모선의 한 바퀴를 바깥쪽으로 말아 열풍과 냉풍을 번갈아가며 고정시켜 백 포인트쪽으로 한데 모으듯이 롤 아웃한다.

⑥ 골든 포인트~톱 포인트 : 2 섹션을 떠주고 두상의 볼륨을 따라서 가야 한다. 편평한 부분을 뿌리만 살짝 살린 다음 백 포인트쪽으로 가져가면서 자연스럽게 브러시 아웃한다.

⑦ 사이드(side) : 백워드 섹션(backward section)으로 백(back) 부분과 같은 방법으로 시술한다. 모량을 충분하게 잡아(모량이 작으면 푸석거리기 때문에) 백(back)부분과 같은 방법으로 시술하여 뒤쪽 방향의 이어 투 이어 라인(ear to ear line) 지점을 지나 뒤집어서 얹어 놓는다

⑧ 톱(top) : 페이스 라인을 중심으로 스트랜드를 텐션 드라이 시술로 두상 쪽으로 가져가 모선에서 한 바퀴 정도를 강한 텐션으로 리버스 롤링(reverse rolling)하면서 브러시 아웃한다.
만약, 모발 길이가 짧아 모선 부분이 백 포인트 위쪽에 위치한다면 아웃 롤을 만들지 말고 백 센터(back center)로 볼륨 드라잉한다.

⑨ 전체적인 정리를 한 모습

4. S-컬(Spiral curl)

선이 우아하고 보다 엘레강스한 여성스러움을 강조할 때 많이 시술되는 기법이다. 브러시를 이용하여 자연스런 컬을 표현해 낼 수 있어서 20대에서 부터 30~40대에 걸쳐 가장 선호하고 있으며, 최근에 유행하는 세팅 퍼머 스타일로도 각광을 받고 있다. S-컬(spiral curl)은 스트랜드를 롤 브러시에 감는 방향에 따라 백워드, 포워드(backward , forward)로 구분한다.

1) 백워드 스파이럴 S-컬(Backward Spiral S-curl)

백워드 스파이럴 S-컬(backward Spiral S-curl)은 나선형의 컬이 후두부에 모이는 형으로써 백 센터 라인(back center line)을 중심으로 버티컬(vertical)로 패널을 섹셔닝하며 사이드로 갈수록 두상의 곡면을 따라로 섹셔닝한다. 스몰 사이즈 롤 브러시(small size roll brush)를 선택하여 강한 텐션으로 시술해야 한다.

또한 버티컬 섹션(vertical section)의 길이는 롤 브러시의 4/5 정도로 하며 형성된 s-컬은 페이스 쪽으로 보내는 것(forward)보다 백 센터(back center) 쪽으로 보내는 것(backward)이 훨씬 더 상쾌해 보인다.

<시술 방법>

① 4등분의 블로킹 후 네이프 하단부의 백 센터(back center)에서 백 사이드(back side)로 진행한다.

② 모근에서 모선까지 롤 브러시로 1회 정도 스트레이트 테크닉(straight technique)을 시행한 뒤 모근에서부터 진행 중에 최초에 웨이브를 완성할 위치를 파악하고 모선부터 브러시를 2 1/2 이상 감아 양 가장자리에 온풍과 냉풍을 가한 뒤 왼손을 받친 상태에서 백 센터(back center)쪽으로 풀 백(pull back)하면서 재빨리 스크류 모양으로 브러시 아웃한다.

③ 여기에서 모발의 길이가 길면 아래로 모이는 형태이므로 브러시의 각도는 무시해도 무관하며 이는 롱 헤어 스파이럴 컬 형성의 장점이면서 단점으로 작용하기도 한다.

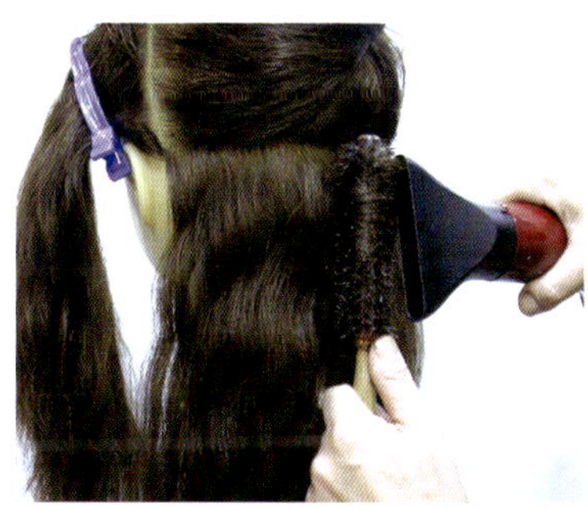

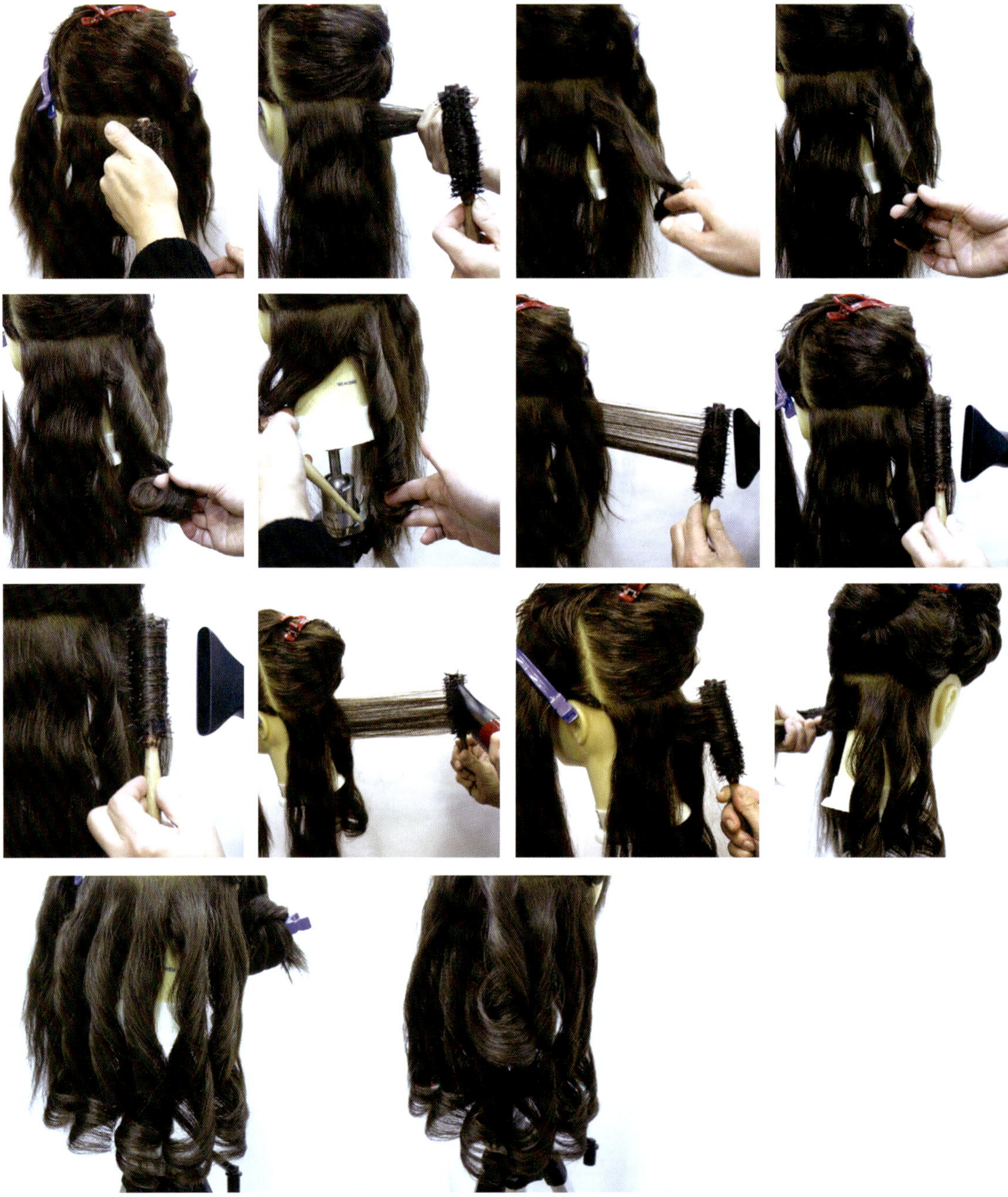

④ 백 포인트~톱 포인트 : 롤 브러시에 스트랜드(strand)를 2회 정도 슬라이딩한 뒤 모선에서 2 바퀴 반 이상 감아 올라가 모근 쪽으로 재빨리 와인딩(winding)하여 드라이어의 열풍을 준 다음 온풍이나 냉풍으로 뜸을 들여 빠른동작으로 릿치를 중심으로 지그재그로 빼듯이 S자를 그려가며 브러시 아웃을 하면서 모선을 손가락으로 잡아 컬이 감겨진 방향대로 돌려 아랫부분에 형성된 컬 위에 살며시 얹어 놓는다.

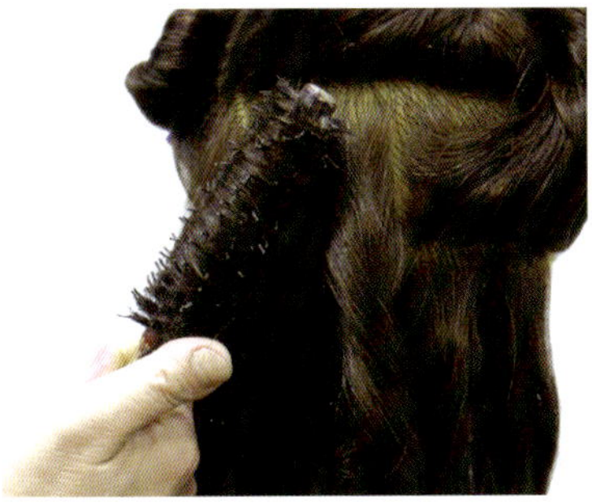

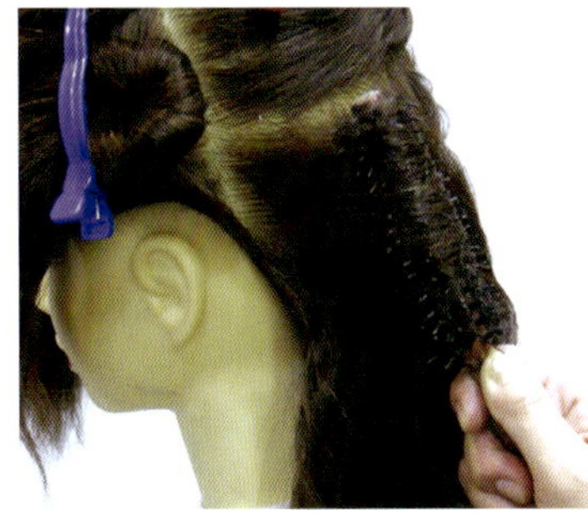

⑤ 톱 포인트지점에서는 버티컬 섹션(vertical section)보다는 호리존탈 섹션(horizontal section)으로 아래쪽의 웨이브 방향과 반대 방향으로 돌려서 내려왔다가 웨이브 처리는 백워드로 처리해 주면서 아래쪽을 깔끔하게 덮어서 정리해 주고 롤 브러시에 의한 웨이브의 조형적인 면이 두드러지게 나타나므로 디자이너의 손가락을 이용하여 웨이브를 완화시켜 준다.

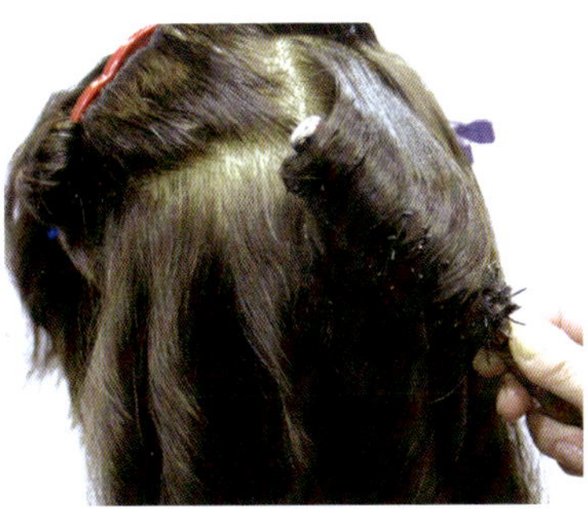

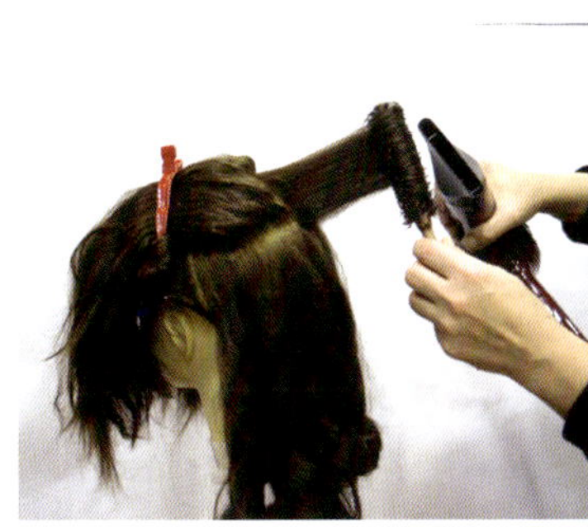
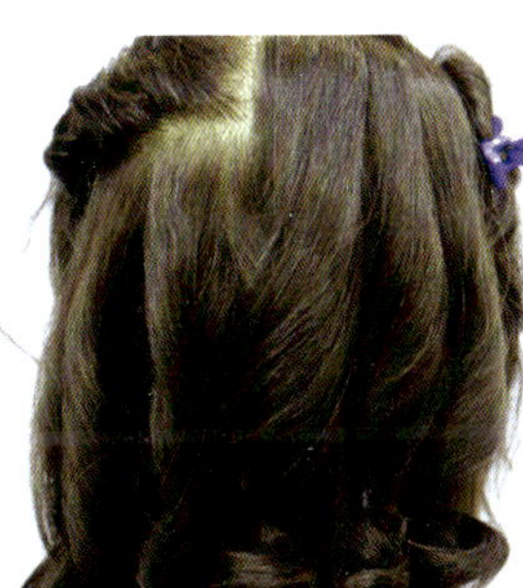

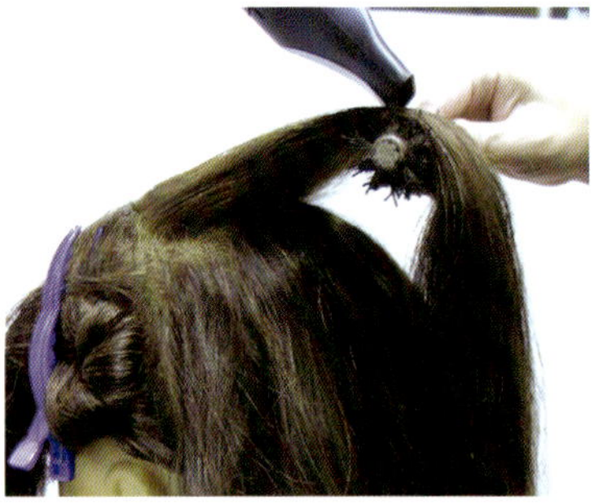

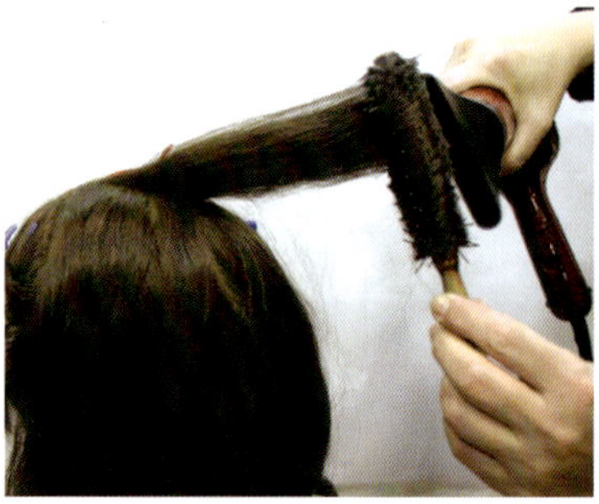

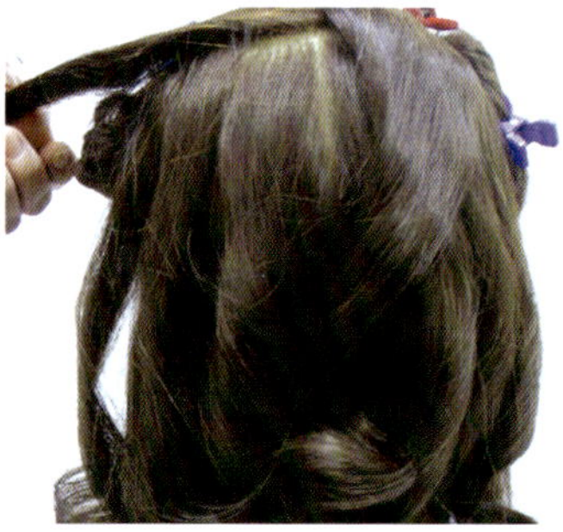

⑥ 사이드(side) : 사이드는 모발의 길이가 일정치 않고 모질도 약하여 섹션의 모량이 너무 작으면 윤기가 나지 않고 컬의 형태도 분명하지 않으므로 섹션의 모량에 주의를 기울여야 한다. 또한 스파이럴 컬(spiral cur) 형성 후에는 반드시 각도를 없애야 하며 다이애거널 섹션(diagonal section)에 평행되게 시술하여서 만들어진 컬은 백 센터(back center)를 향하도록 하여야 한다.

⑦ 완성된 모습 : 컬의 방향이 대칭되도록 마무리 손질한다.

2) 포워드 스파이럴 S-컬(Forward Spiral S-curl)

포워드 스파이럴 S-컬(forward spiral S-curl)은 일반적으로 리라이자 헤어라고 부르는 나선형의 전형적인 스타일이다. 최근 몇 년간 크게 유행하고 있는 세팅 퍼머의 컬의 마무리 작업으로 흔히 시술하고 있으며, 롱 헤어의 모선이 양쪽 어깨의 페이스 라인에 모여지는 형태가 여성스러우면서 단정하다. 생기를 부여한 귀여운 스타일을 주문하는 젊은 층의 고객이 많아지면서 지금도 살롱의 주 매뉴얼로 각광 받고 있다.

<시술 방법>

① 4등분의 블로킹 후 네이프 하단부의 백 센터(back center)에서 백 사이드(back side)로 진행한다.

② 스몰 사이즈 롤 브러시(small size roll brush)를 선택하여 백 센터 라인(back center line)을 중심으로 다이애거널(diagonal)로 패널을 섹셔닝하며 사이드로 갈수록 두상의 곡면에 따른 다이애거널로 섹셔닝하여 오프 더 베이스(off the base)로 텐션을 강하게 하여 시술해야 한다.

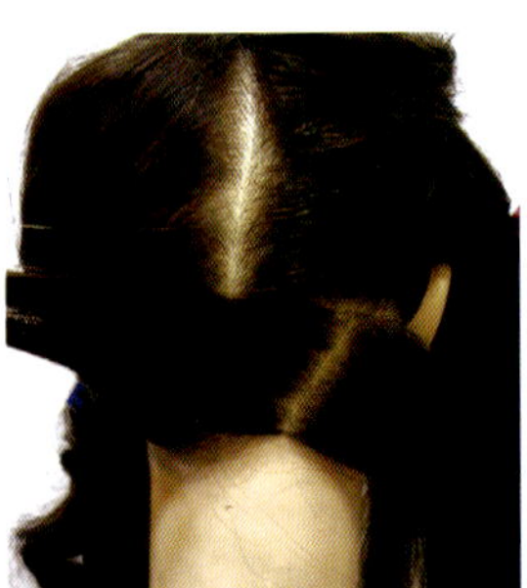
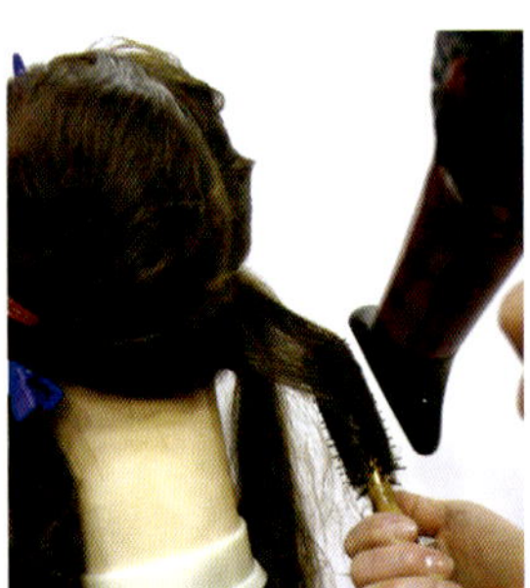
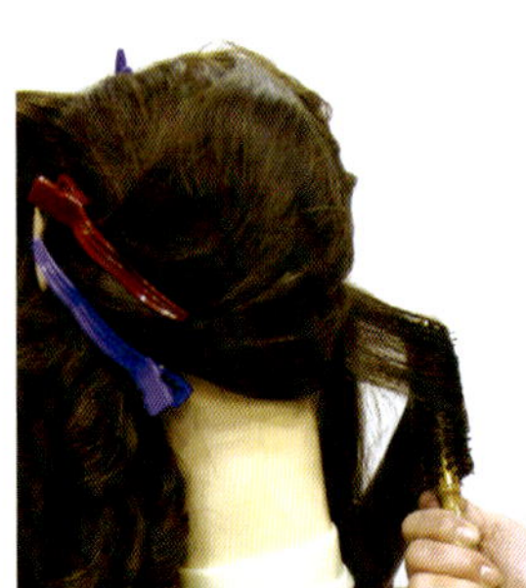

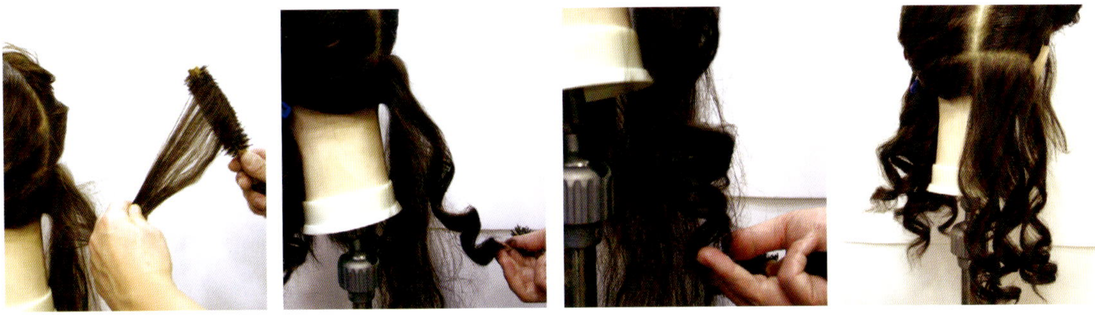

③ 모근에서 모선까지 롤 브러시로 1회 정도 스트레이트 테크닉(straight technique)을 시행한 뒤 모근에서부터 진행 중에 최초에 웨이브를 완성할 위치를 파악하고, 모선부터 브러시에 2.5바퀴이상 감아 양쪽 가장자리에 온풍과 냉풍을 가한 뒤 왼손을 받친 상태에서 페이스 방향으로 재빨리 스크류(screw) 모양으로 브러시 아웃한다.

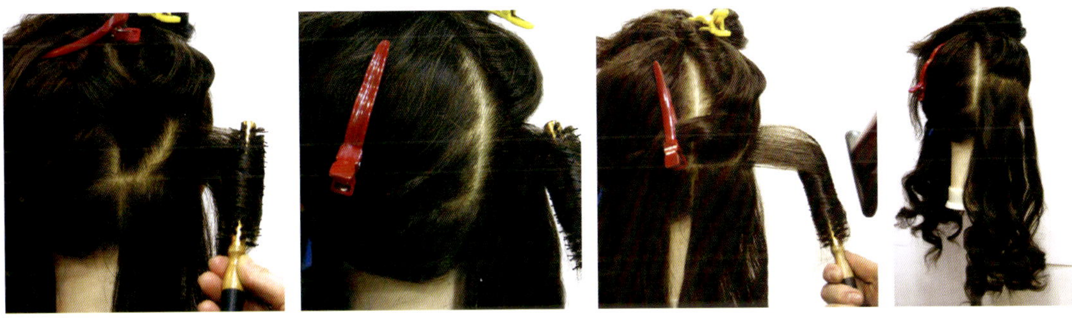

④ 형성된 S-컬은 백 센터(back center) 양 옆으로 가면서 브러시 아웃하며 양쪽 사이드 파트(side part)도 같은 방법으로 컬을 형성하여 페이스 쪽(forward)으로 보낸다.

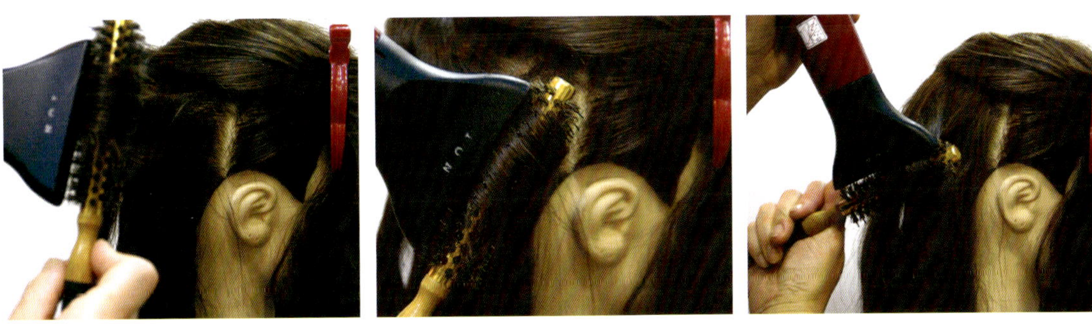

⑤ 모발의 길이가 길면 아래로 모이는 형태이나 백워드 스타일(backward style)보다 부피감이 형성되므로 브러시의 각도는 되도록 낮추어서 시술하는 편이 낫다.

⑥ 백 포인트~톱 포인트 : 백 센터 파트(back center part)는 호리존탈(horizontal) 또는 버티컬 섹션(vertical section)으로 패널을 롤 브러시로 한두 번 슬라이딩한 뒤, 모선에서 2바퀴 반 이상 감아 올라가 모근 쪽으로 재빨리 와인딩하여 드라이어의 열풍을 준 다

음 온풍이나 냉풍으로 뜸을 들여 빠른 동작으로 모선을 손가락으로 잡고 리지(ridge)를 중심으로 지그재그로 빼듯이 S자를 그려가며 브러시 아웃한 뒤 아랫부분에 형성된 컬위에 살며시 얹어 놓는다.

⑦ 톱 포인트 지점에서는 롤 브러시에 의한 웨이브의 조형적인 면이 두드러지게 나타나므로 호리존탈 섹션(horizontal section)으로 아래쪽의 웨이브 방향과 반대 방향으로 당겼다가 아래 스트랜드를 깔끔하게 덮어서 정리하여 손가락으로 웨이브를 완화시켜 준다.

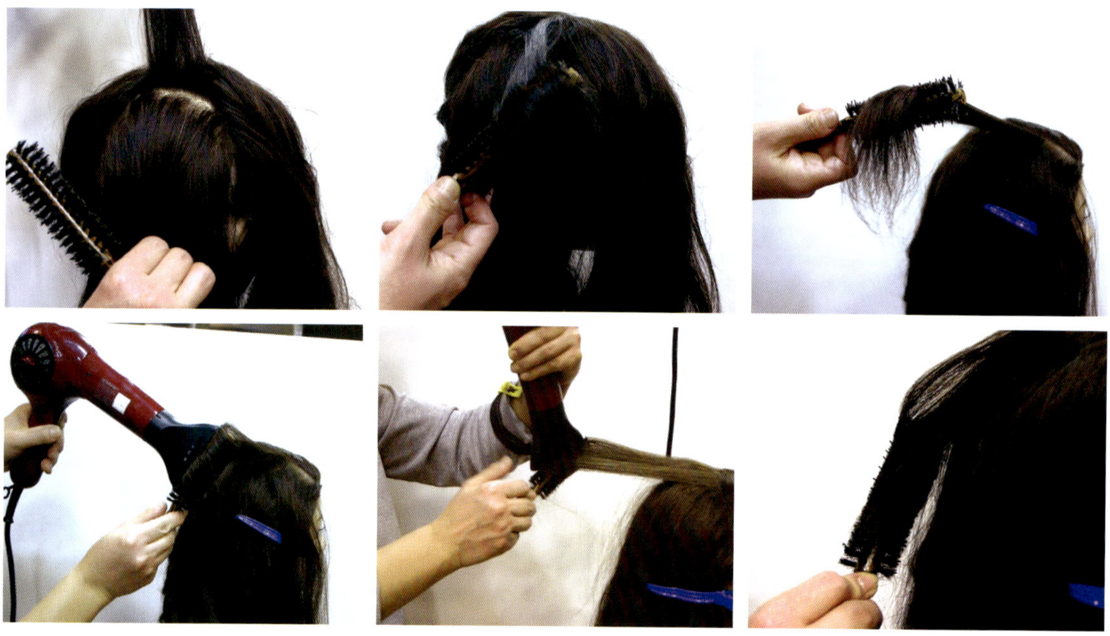

⑧ 사이드(side) : 사이드는 모발의 길이가 일정치 않고 모질도 약하여 섹션의 모량이 너무 작으면 윤기가 나지 않고 컬의 형태도 분명하지 않으므로 섹션의 모량에 주의를 기울여야 한다. 또한 스파이럴 컬의 형성 후에는 반드시 각도를 없애야 하며 다이애거널 섹션(diagonal section)에 평행되게 시술하여서 만들어진 컬은 페이스를 향하도록 하여야 한다. 리세션 에어리어(recession area)의 컬 형성은 포워드 앵글(forward angle)로 롤링을 시작하여 백 사이드(back side)의 컬이 시작하는 지점에서 백워드 앵글(backward angle)로 방향을 전환하면서 마무리한다.

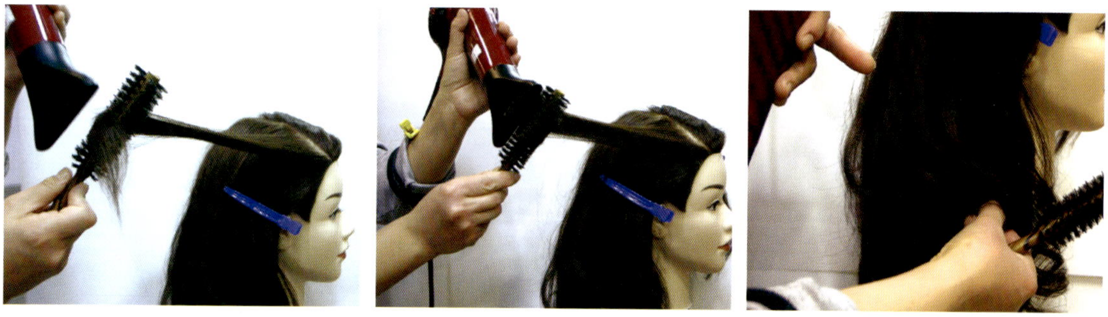

⑨ 프론트(front) : 가르마의 위치에 따라 패널을 풀 백(pull back)으로 시술한다.

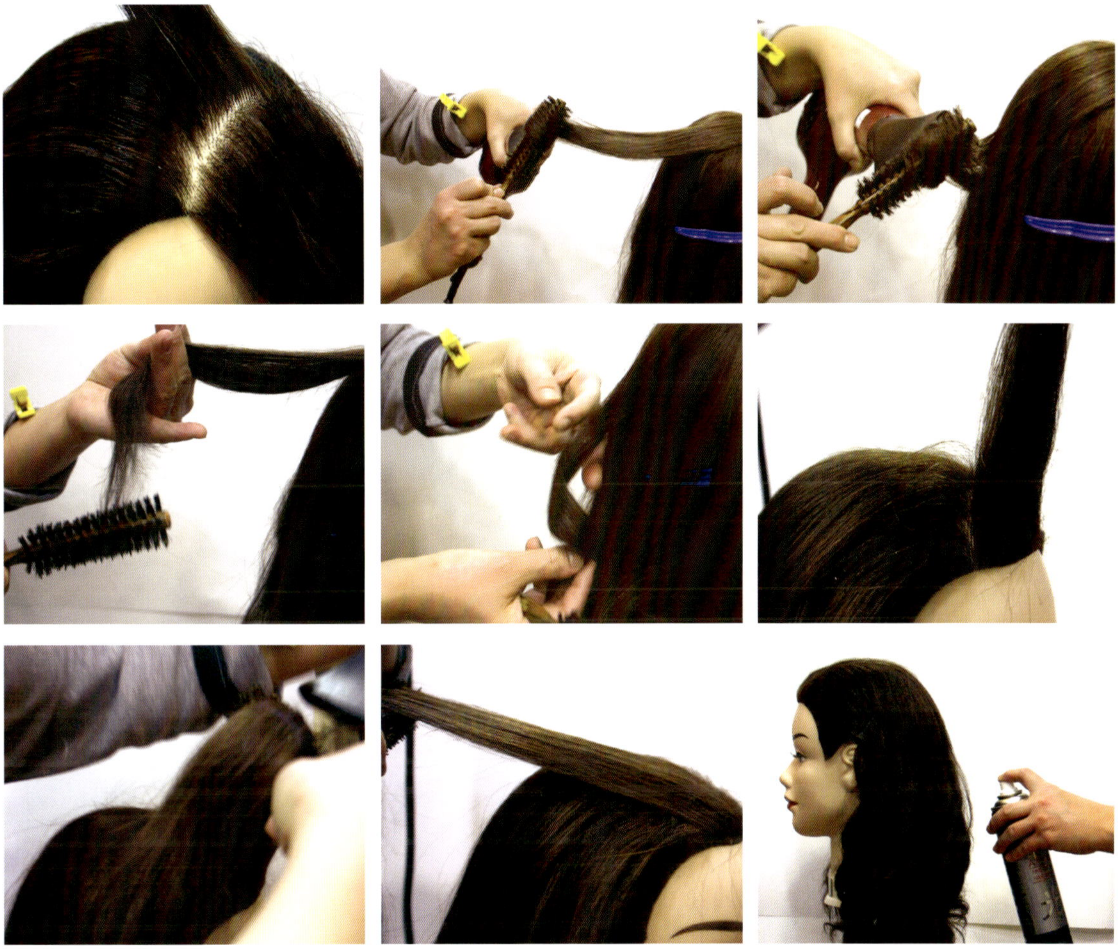

⑩ 전체적인 스타일 정리 : 모발의 길이가 아주 긴 롱 헤어로 표현이 가능하다. 백워드 스타일, 포워드 스타일(backward style, forward style)은 브러시를 삽입시키는 방향과 섹셔닝의 차이를 발견할 수 있으며 시각적으로 백워드 스타일이 훨씬 더 길어 보이고 활동적으로 보인다.

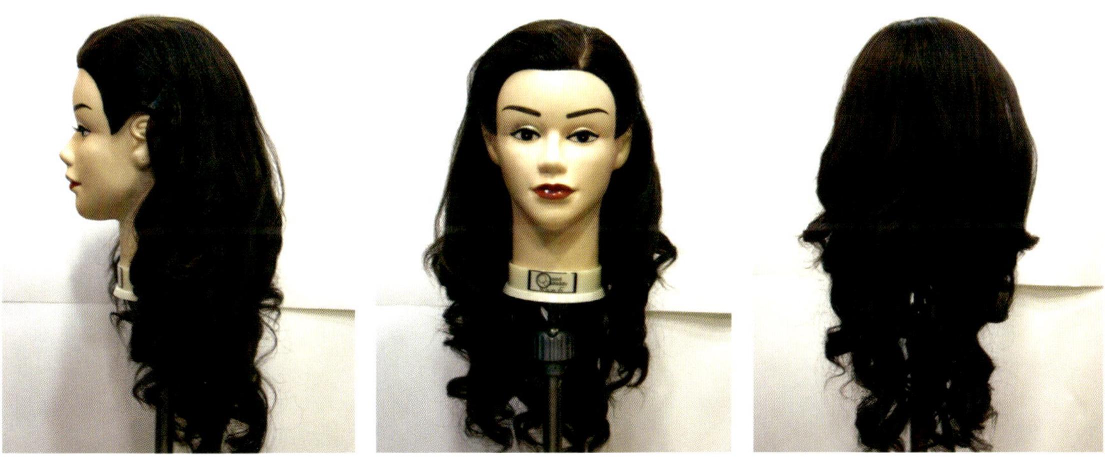

5. 쇼트 레이어의 볼륨 드라이(Short layer volume dry)

현대에는 중년남성보다 중년여성의 경제적인 여유로움과 사회 활동 참여도 많아지고 있으며, 그에 따라 품위 유지에 관심이 집중되고 있다.

쇼트 레이어형에 볼륨을 살려 드라이 한다면 깔끔하면서도 세련된 분위기를 연출할 수 있어 중년여성 고객에게 권하고 싶은 스타일이다.

<시술 방법>

① 백 센터 파트(back center part : nape ~ B.P) : 3 섹션 정도로 나눈 다음 후두부 모발의 길이가 짧기 때문에 브러시는 작은 것을 택하여 패널을 지그재그로 섹셔닝한다. 섹셔닝한 스트랜드 아래에 롤 브러시를 가져가 네이프와 밀착시켜 드라이어의 열풍을 쐬면서 풀 다운(pull down)한다. (네이프와 밀착시키지 않으면 자연스러움이 덜하고 자칫 세련미가 없어 보일 수 있다.)

② 두 번째 패널도 위와 같은 방법으로 시술하여 아래 패널 위에 얹어면서 브러시 아웃(brush out)한다.

③ 백 포인트의 두상의 각도가 가장 높은 반면에 중년일수록 뒷두상의 모양이 흐트러져

있고 주변의 높이가 일정하지 않기 때문에 사전에 두상의 형태를 잘 파악하여 섹션마다의 시술 각을 선정해서 시술에 들어가야 한다.

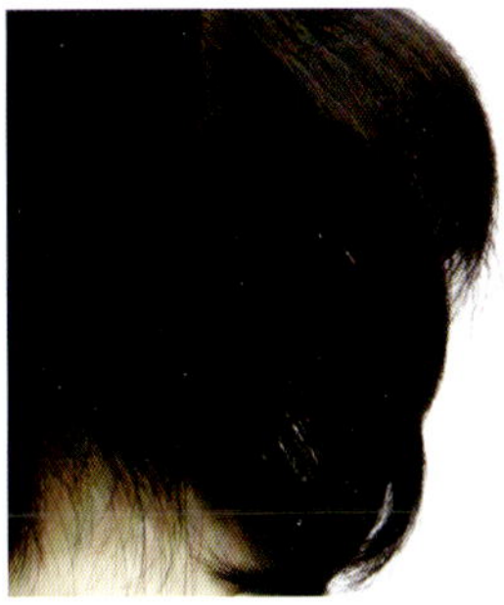

④ 크라운 파트(crown part : B.P~G.P~T.P) : 일반적인 볼륨 형성을 원한다면 시술 각을 120° 로 하는 것이 적당하며, 모량이 너무 많거나 모근부에 파상모로 인한 기존의 볼륨을 가지고 있다면 90° 로 시술하여도 무방하다. 그러나 모량이 적거나 모발이 너무 약할 때에는 135° 이상 풀 업(pull up)하여 모근부에 볼륨을 형성시킨 다음 마치 포물선을 그리듯이 자연스럽게 라운딩하여 모선에 이르러서는 아래 스트랜드 위에 살며시 얹는다.

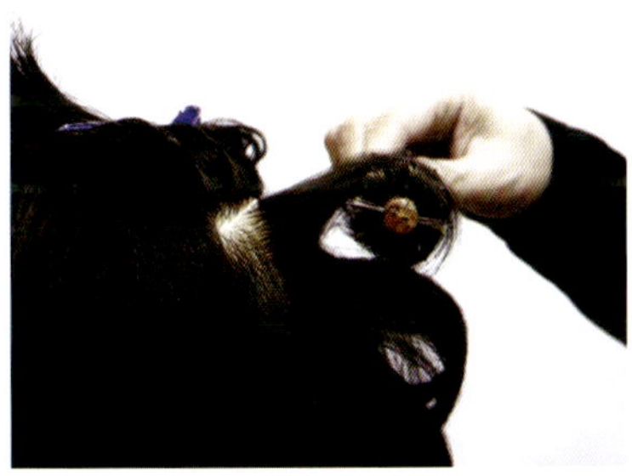

⑤ 백 사이드 파트(back side part) : 약간 사선 섹셔닝의 패널과 롤 브러시는 항상 평행을 유지하면서 백 센터 파트(back center part)와 동일한 방법으로 시술한다. 각각의 섹션은 백 센터 파트(back center part)의 섹션과 틈이 생기지 않도록 일정한 방향과 가도로 시술해야 한다.

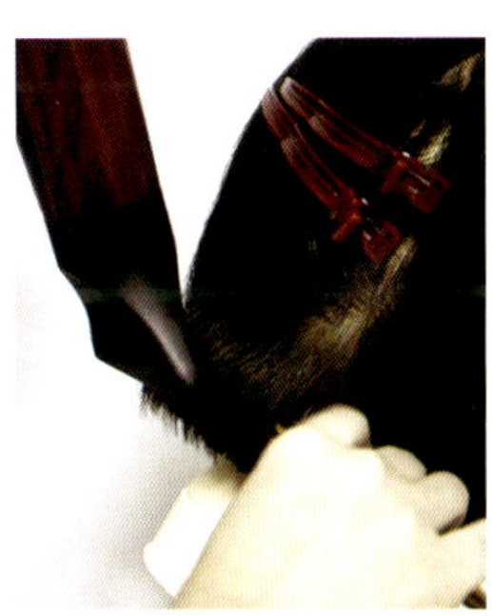

⑥ 사이드 파트(side part) : 요즈음 유행하는 스타일은 사이드 파트의 아웃 라인의 형태가 귀 뒤에 꽂혀져 귓불 아래에 C자의 컬이 만들어 질 수 있을 정도의 길이를 갖고 있다. 따라서 관자놀이 아래 섹션의 스트랜드의 각도를 주어서는 안 되며, 귀를 따라서 롤 브러시를 롤링하여 귀 뒤에 꽂아서 열을 식히게 되면 귀쪽의 모발이 얼굴 앞쪽으로 쏟아져 내리는 현상을 방지할 수 있다.

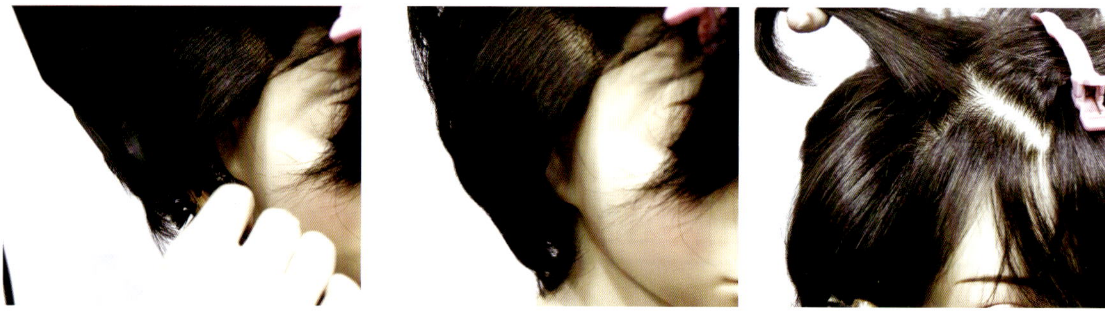

⑦ 프린지 파트(fringe part) : 모델마다 앞머리 스타일은 천차만별이다. 사이드 파트(side part)와 연결시켜 가며 레이디얼 섹셔닝(radial sectioning)의 스트랜드를 곡선 기법을 이용하여 롤 브러시의 방향이 앞에서 뒤를 향하도록 하고 롤 브러시의 각도는 톱의 바닥을 스쳐가며 드라이 열풍을 쐬면서 브러시 아웃한다.

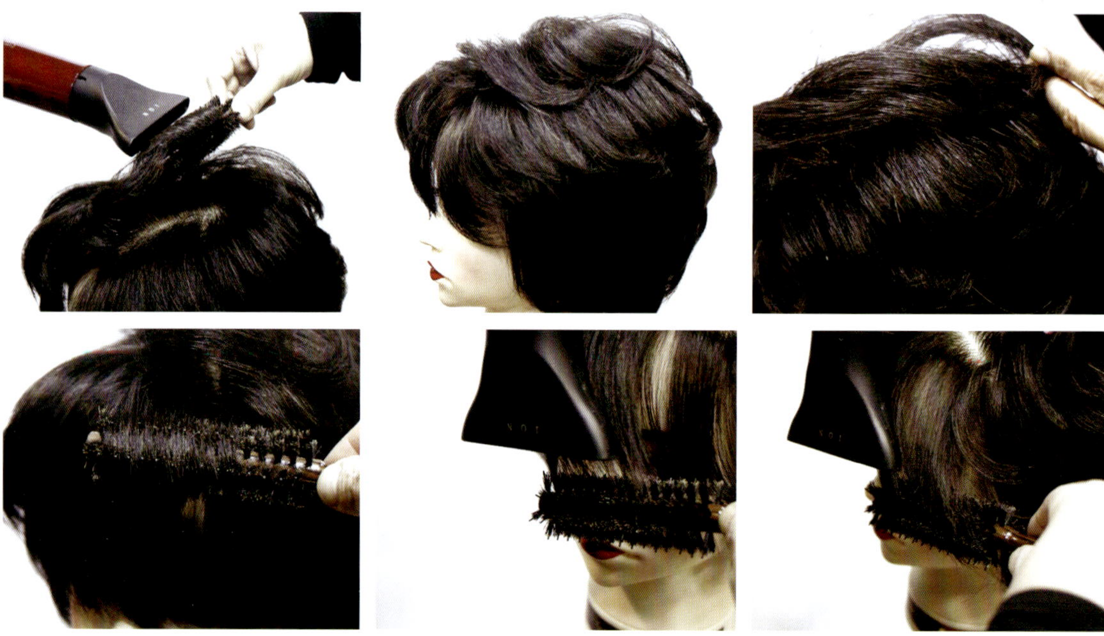

⑧ 전체적인 정리 : 파트와 파트, 섹션과 섹션의 벌어짐이 없도록 볼륨의 연결을 체크하여 헤어 스프레이나 홀더 스프릿츠를 사용하면 한층 더 정돈된 스타일로 표현될 수 있다.

6. 보브(Bob)의 볼륨 스트레이트 스타일(Volume straight style)

최근에 대유행하고 있는 섀기 스타일(shaggy style)의 반복 시술로 인하여 모선의 모량이 많이 감소되어 있는 모델에게 좀 더 생동감 있고 건강해 보이는 헤어 스타일로 추천하고 싶은 보브형이다.

<시술 순서>

① 미디엄 사이즈(medium size)의 브러시를 사용하고 5 파팅한다.(스몰 사이즈의 브러시는 컬이 생기기 쉬운 반면, 라지 사이즈의 브러시는 모근에 볼륨을 만들기가 쉽다.)

② 백 센터(back center) : 네이프는 앵글을 주어서는 안 되며 한 번에 네이프와 밀착해서 풀 다운(pull down)한다. 백 포인트까지는 3~4 섹션으로 시술하며 두피를 매끈하게 표현하기 위해 아래 패널과 틈이 없이 풀 다운(pull down) 시킨다.

③ 백 포인트~골든 포인트까지도 3~4 섹셔닝하여 모근의 앵글을 점차적으로 높여 주는 것이 좋다.그 이유로는 골든 포인트로 갈수록 모발의 길이는 길어지며, 이때 두피의 앵글을 높이지 않을 경우 만족스런 뒷부분의 볼륨을 만들 수 없다.

④ 골든 포인트~톱 포인트의 시술에서는 모근의 앵글을 한층 더 높여 시술하며, 아래의 패널위에 성장 패턴에 맞추어 풀 다운(pull down) 시켜준다.

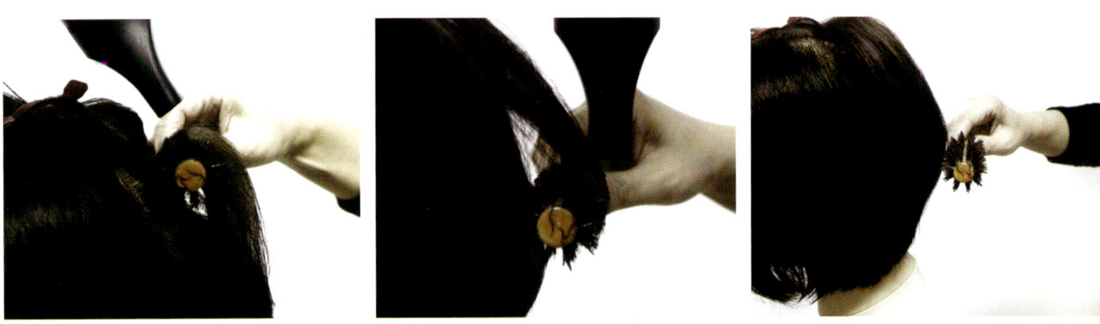

⑤ 톱의 시술 방법에서는 패널의 맥시멈 볼륨(maximum volume)이 톱의 높이이므로 톱의 높이만큼 볼륨을 넣어 아래 패널에 풀 다운(pull down) 시킨다.

⑥ 백 사이드 파트(back side part)에서는 백 센터(back center)와 같은 시술 각으로 볼륨을 주어 서로 틈이 생기지 않도록 시술하며, 백 센터(back center)로 사이드 베이스(side base)하여 풀 다운(pull down)시킨다.

⑦ 사이드(side)에서는 전 대각 섹션으로 귀 높이에 롤 브러시를 대고 풀 다운(pull down)으로 시술한다.

⑧ 템플(temple) 부분의 상위는 볼륨을 보충시키기 위하여 아래 패널과의 사이에 드라이어를 넣어 열풍을 준 뒤 위와 같은 방법으로 시술한다.

⑨ 프린지(fringe)는 톱의 높이와 맞추어 이마의 모양대로 브러싱한다.

7. 보브(Bob)의 볼륨 스트레이트 스타일(Volume straight style)의 변형(Side part의 Reversed style)

백 사이드(back side) 모발의 길이가 백 센터(back center)의 길이보다 길게 표현되어 있으므로, 이 부분만 바깥마름 시술 방법을 적용하여도 또 다른 스타일을 표현해 낼 수 있다.

시술 방법은 보브(bob)의 볼륨 스트레이트 스타일(volume straight style)을 그대로 적용하되 모근 부분의 각도는 0° 로 시술하며, 브러시를 패널의 겉면에서 살짝 털어 올리듯이 시술한다.

Chapter 6

아이론을 이용한 베이직 스타일(Iron basic style)

1. 헤어 아이론(Hair iron)의 역사

1880년 프랑스 파리에서 미용 견습생인 마셀 그라또우(Marcel Grateau)가 그의 어머니에게 자연스런 웨이브의 헤어 스타일을 구사하기 위해 새로운 미용 기구인 헤어 아이론을 개발하였는데, 철을 소재로 한 둥글게 홈이 파인 자루와 그 자루를 감싸주는 또 하나의 자루를 만들어 불에 달구어 사용하였다.

그리고 이 기구를 자신이 개업한 미용실에서 사용함으로써 전 세계에 알려졌으며, 제인 하딩이라는 여배우가 헤어 아이론을 이용한 새로운 헤어 스타일을 널리 알렸으며 웨이브의 지속 기간이 3주 정도였다고 한다.

1920년 르네 랑보(Rene Rambaud)에 의해 곱슬거리는 컬에서부터 웨이브를 구사하는 것에 초점이 맞춰졌고, 20세기 후반에 이르러서는 보다 더 다양한 기구들이 개발되어졌으며, 여성들 사이에 스스로 웨이브를 구사할 수 있었으며 퍼머넌트 웨이브가 급진적으로 발달함에 따라 헤어 스타일의 빠른 변화에 일익을 담당하게 되었다.

한편 우리나라에서는 핸드 드라이어의 도입기 이전인 1970년대 후반까지 뷰티 살롱에서 주로 재래식의 헤어 아이론인 마셀(marcel)과 컬(curl)로 헤어 스타일을 구사하였으며 가격이 너무 비싸 1주일 이상 머리를 감지 않았다고 한다.

그러나 지금은 편리한 전기 아이론(electronic iron)이 개발되어 일정한 온도를 유지하며 사용할 수 있게 되었다. 전기 아이론의 종류도 매우 다양해지고, 전기 아이론을 이용한 여러 헤어 스타일의 표현 테크닉도 많이 개발되었으며, 그 기능이 퍼머넌트 웨이브에까지 영향을 미치게 됨에 따라 헤어 아이론(hair iron) 기구가 일반화되면서 각각의 가정에서도 구비하여 거의 매일 사용하고 있다.

2. 헤어 아이론(Hair iron)의 종류와 사용법

1) 아이론의 종류

1

(1) 가열식 아이론[마셀(Marcel)과 컬(Curl)]

아이론의 종류는 형태상으로 약간씩의 차이가 있으나 각 부의 명칭이나 사용 방법은 거의 동일하다. 시술 테크닉에 따라 효과면에서 다양한 스타일을 연출할 수 있다.

① 그루브(groove) : 홈이 있는 부분으로 프롱에 감겨진 롤을 잡아준다.
② 프롱(prong) : 둥근 모양으로 모발이 감겨져 그루브로 고정시켜 웨이브가 형성되며 프롱의 굵기는 모발의 웨이브의 크기와 관련이 있다.
③ 손잡이(hander) : 그루브와 프롱에 연결되어 있다.

컬(curl) : 마셀(marcel)을 감싸서 회전시킴으로써 마셀에 감겨진 모발의 롤 형태의 웨이브를 탄력있게 만드는 기구이다.

(2) 전기 아이론(Electronic iron)

일반적으로 둥근 롤 아이론(roll iron)을 칭한다. 재래식의 마셀과 컬이 하나의 손잡이로 되어 있어 사용하기 편리하나 스트레이트 형태를 구사하기가 어렵다는 것이 단점이다.

2

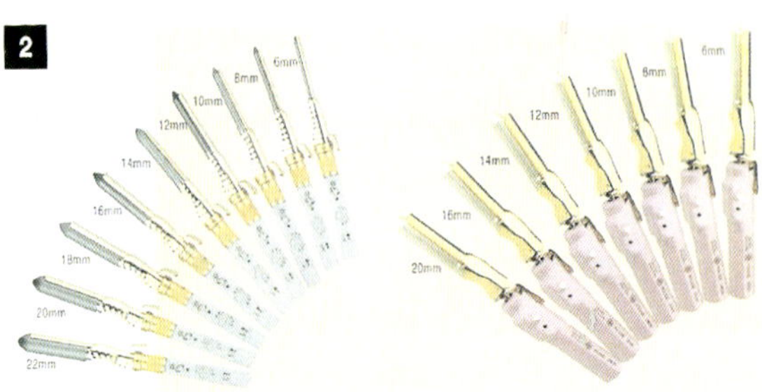

(3) 플랫 아이론(Flat iron)

납작한 아이론으로 매직 아이론(magic iron)이라고 부르기도 한다.

스트레이트 형태를 비롯하여 다양한 컬 기법이 많이 개발되어 희망하는 스타일을 단시간에 완벽하게 구사할 수 있다. 핸드 드라이어로 시술한 것보다 훨씬 많은 윤기를 내고 지속 기간이 길다는 장점이 있어 현재 뷰티 살롱에서 사용 빈도가 가장 높다. 축모 교정 시술용의 펴머 기구의 겸용으로 사용하며 열판의 크기와 모양도 여러 가지가 있어 여러 스타일의 고객을 소화해 낼 수 있다.

3
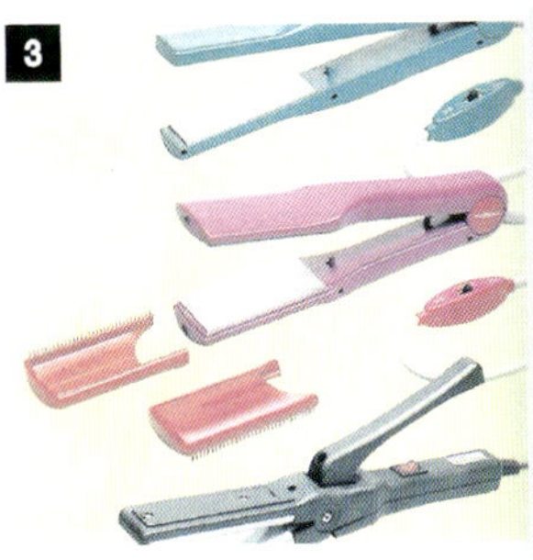

그러나 시술 시 고온(평균 130°)의 열판이 모발에 직접 닿기 때문에 계속 사용 시 모발 손상의 원인으로 작용하기 쉽다.

(4) 크림퍼 아이론(Crimper iron)

일명 패션 아이론(fashion iron)으로도 불린다. 플랫 아이론(flat iron) 기능도 하면서 여러 가지 모양의 열 패널 교체가 가능하도록 되어 있어 열 패널에 새겨진 문양의 모양에 따라 일시적인 다양한 스타일을 구사할 수 있는 기구이다.

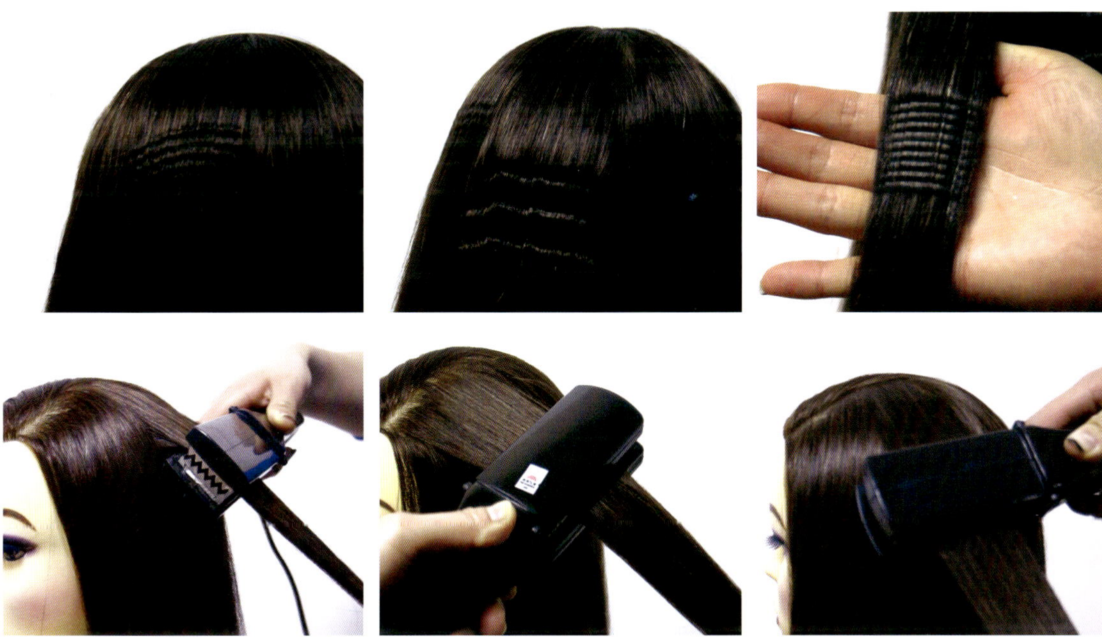

2) 헤어 아이론(Hair iron)의 온도 측정

정상 시술의 적정 온도는 120~140 ℃ 정도로 계속 유지하는 것이 원칙이나 대부분의 시술자들은 임상 경험에 의한 온도를 설정하여 사용하고 있다.

전통식 아이론의 경우는 열로 달궈진 그루브와 프롱 부분을 물에 적셔진 거즈에 살짝 식혔다 사용했다. 그러나 요즈음은 거의 전부 자동 온도 조절기가 장착된 전기 아이론을 사용하기 때문에 이러한 불편함이 없어졌다.

3) 헤어 아이론(Hair iron) 작동법

(1) 전기 아이론(Electronic iron)

손잡이로 그루브(groove)를 벌린 다음 프롱(prong) 위에 스트랜드를 올려 그루브(groove)로 잡아준 뒤 마셀이나 컬을 행한다.

(2) 플랫 아이론(Flat iron)

납작한 패널 두 개의 형태가 같아 어느 쪽이나 한 패널에 스트랜드를 놓은 후 나머지 패널을 닫아 사용하는데, 모량을 너무 많이 잡거나 패널의 어느 한쪽으로 텐션이 주어지면 자국이 생기기 쉬우므로 주의를 요한다.

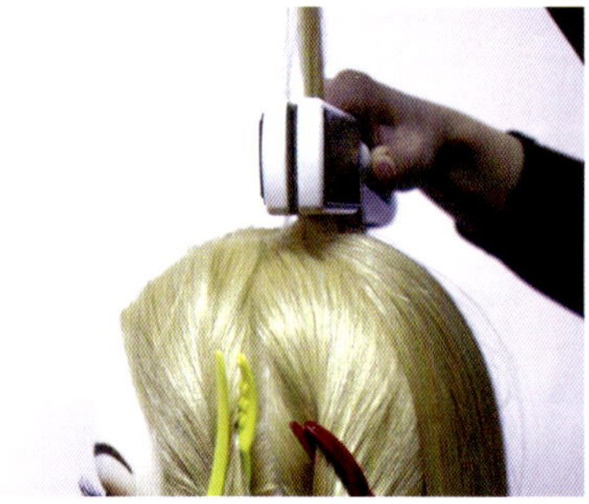

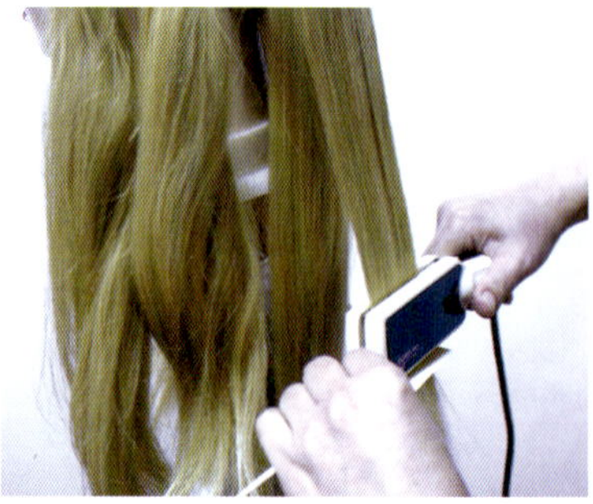

3. 헤어 아이론 시술의 실제

1) 직모 (Straight)

건조한 모발 상태에서 시술하는 것이 원칙이다. 빗은 왼쪽, 아이론은 오른쪽에 서로 평행선 상에서 시술을 시작하여야 하며 패널의 스트랜드 폭이 너무 크면 자국이 생기기 쉽고 스트랜드 폭이 너무 적을 경우 모발이 열에 의해 거칠어지기 쉬우므로 아이론 굵기 정도의 섹션이 적당하다.

<시술 순서>

① 5등분 정도의 브로킹을 탄 후 적당량을 덜어서 모발을 아이론 안으로 넣어 천천히 텐션을 주며 모선단으로 하향한다.

② 두피 부분에서 직모의 연출을 위해 장시간 특정 부위에 머무르지 않으며, 신속하게 진행하고 당겨 주는 힘을 일정하게 유지하여야 한다.

③ 패널의 끝 부분이 보이면 아이론에 의해 고정된 패널을 바닥면에 수직으로 위치하여 아이론을 바닥면 쪽으로 살며시 오프(off)한다. 모발이 흩어지지 않도록 주의하고 일정한 속도로 진행하여 준다. 백 포인트까지는 3~4등분하여 시술하도록 하며 모근의 볼륨이 백 포인트보다 돌출되지 않도록 곡선 기법을 적용해서는 안 된다.

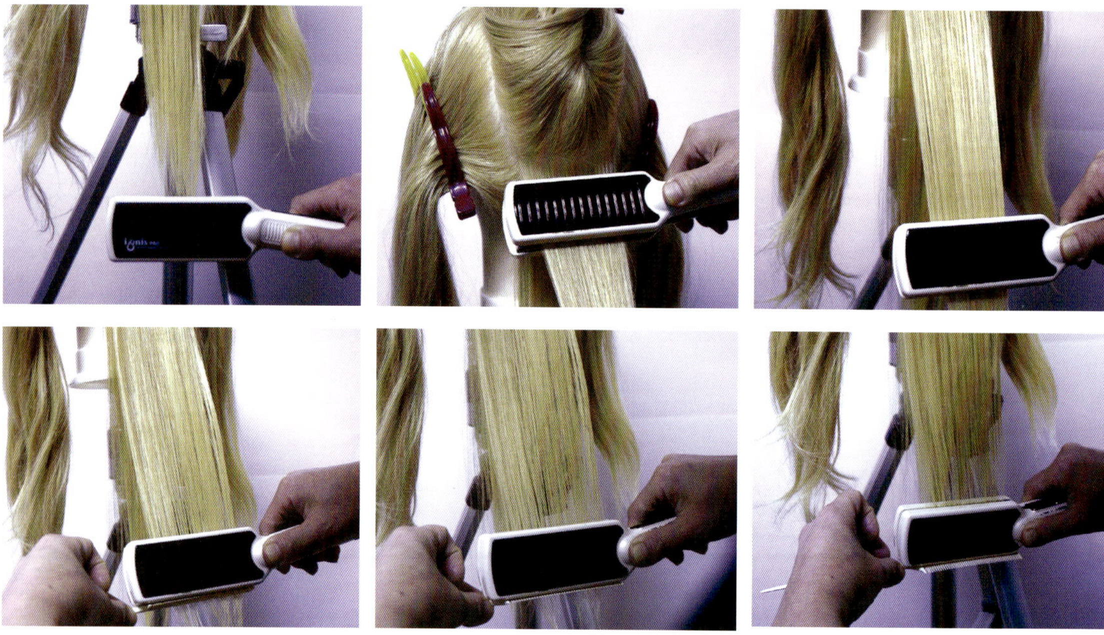

④ 백 포인트 윗부분부터 톱 포인트까지 3~4등분하여 시술하며 모근에 볼륨을 넣기 위하여 두피에서는 점차적으로 롤 브러시의 각도를 많이 준 다음 스무스(smooth)하게 드라잉하여 백 포인트에 이르면 아래 섹션에 얹지듯이 하면서 모 선단부에서는 롤 브러시를 약간 털어내는 기분으로 풀 다운(pull down)한다. (톱 포인트에 볼륨을 원할 때에는 135°로 시술하여야 90°의 효과를 얻을 수 있으며 톱 포인트에 볼륨을 원하지 않을 때에는 두상의 곡면을 따라 아이론을 일자형으로 풀 다운한다.)

⑤ 톱은 온 더 베이스(on the base)로 모근을 살린 다음(자국이 생기지 않도록 조심한다.) 아이론 작동과 함께 톱의 높이로 하향하여 모선이 보이면 아래 패널 위에 얹으면서 바닥과 수직으로 떨어질 때 아이론이 나오면서 그대로 고정시켜 주어야 한다.

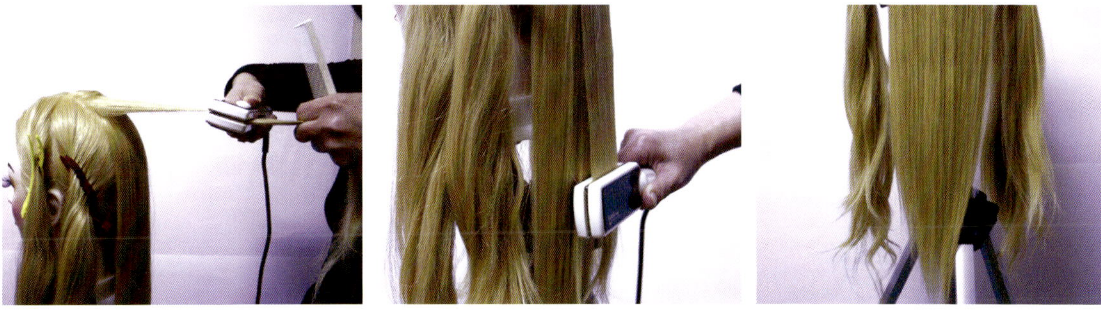

⑥ 백 사이드 파트(back side part) : 호리존탈 섹션(horizontal section)으로 하되 헴 라인(hem line)에서는 모근에서는 백 센터(back center)의 높이에 맞춘 각도를 주어 볼륨을 살려야만 뒤집어지지 않는다.

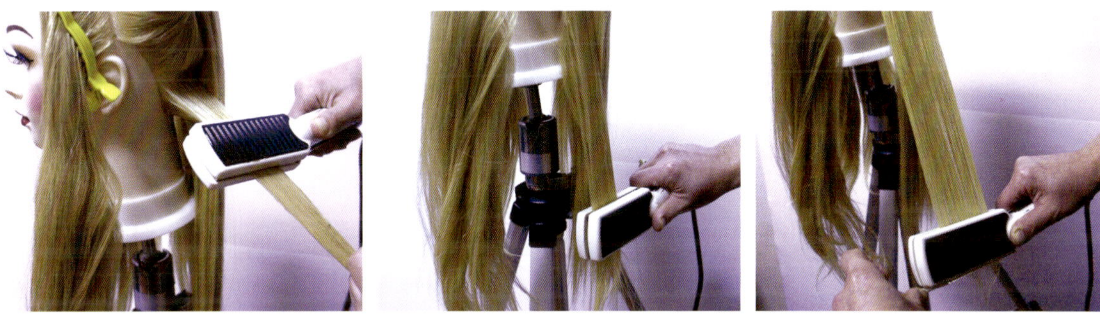

⑦ 백 포인트 윗부분부터 이어 투 이어 라인(ear to ear line)까지도 두상의 곡면을 따라 모근에 볼륨을 넣어 가면서 스무스하게 아이론하여 백 포인트에 이르면 아래 섹션에 얹지듯이 하면서 모 선단부에서는 아이론을 아래 패널에 밀착시키면서 풀 다운(pull down)하여 오프(off)한다.

⑧ 사이드 파트(side part) : 약간 앞으로 기울어진 호리존탈 섹션(horizontal section)으로 4등분하여 시술하며 제1~2 패널에서는 귀를 스치듯이 풀 다운(pull down)하면서 롤 아이론의 한쪽 면을 백 사이드 파트(back side part)의 경계 부분과 살짝 겹치면서 작동시켜야 볼륨이 생기지 않고 백 사이드 파트(back side part)와 매끈하게 연결시킬 수 있다.

⑨ 관자놀이(temple area)의 윗부분은 리세션 에어리어(recession area)로 모량도 적고 모발의 굵기도 가늘어 다른 부분보다 시술하기 까다로운 부분이다. 따라서 패널이 모근부에 자국이 생기지 않는 범위 내에서 볼륨을 적용시키고 귀를 지나는 지점에서는 아이론을 반드시 풀 다운(pull down)하면서 바로 아래 패널에 얹어준다.

⑩ 프론트 파트(front part) : 네추럴 파팅(natural parting)에 따라 좌측 가르마(left parting), 우측 가르마(right parting), 중간 가르마(center parting), 가르마 없음(no parting)으로 나누어진다. 중간 가르마(center parting)는 호리존탈 섹션(horizontal section)으로 가르마의 방향과 평행으로 섹셔닝하여 패널을 톱 높이 만큼의 위치로 가져가 아이론을 넣어 아이론의 한쪽 면이 이어 투 이어 라인(ear to ear line)에 겹치듯이 두상 곡면을 따라 아이론을 작동시킨다. 특히, 가르마의 양쪽 경계면의 패널은 아이론의 자국이 생기지 않도록 엉김이 없이 풀 다운(pull down)한다.

⑪ 전체적인 정리 : 그로스 스프레이(gross spray), 샤인 스프레이(shine spray)를 사용하면 윤기가 부여되어 더 완벽한 스트레이트로 표현된다.

2) 안 마름(In roll)

<시술 순서>

① 이어 투 이어(ear to ear) 라인으로 사이드(side)와 백(back)을 파팅한 다음 백 파트(back part)를 3등분 블로킹하여 각각의 블록(block)을 네이프에서 시작하여 톱으로 시술해 나간다.

② 백 파트(back part) : 네이프의 하단에서 호리존탈 섹션(horizontal section)으로 롤 브러시의 지름만큼 패널을 떠서 모근에 아이론 패널을 섹션과 평행으로 삽입시킨 다음 바닥면과 평행으로 아이론을 모발 끝 부분까지 일직선으로 풀 다운(pull down)한 다음 다시 아이론을 모근에서 45° 아래 방향으로 실시하여 모 선단에서 아이론 둘레 길

이의 한 바퀴를 감아 롤링하면서 풀 다운(pull down)으로 아이론이 네이프를 스치면서 빠져나온다.

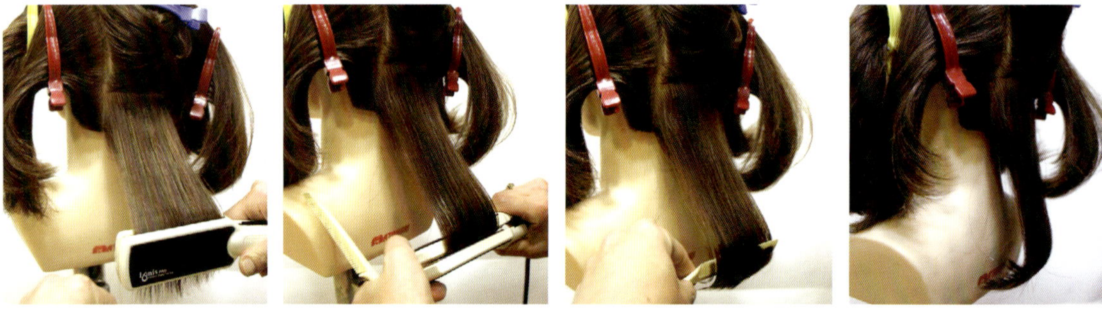

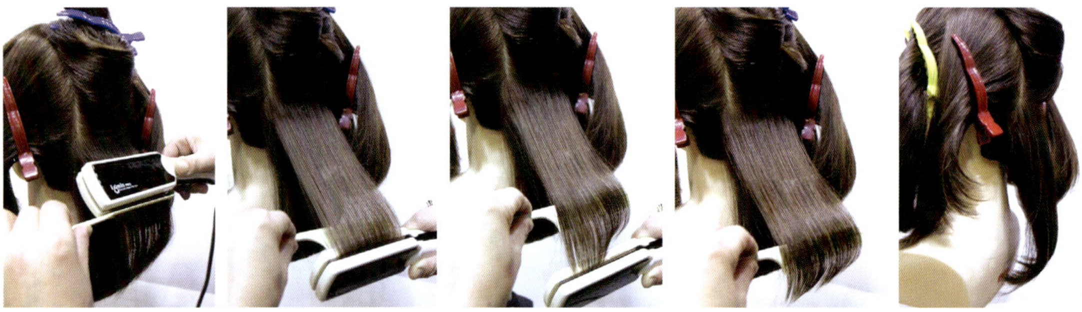

③ 백 포인트까지는 3~4등분하여 시술하되 모근에 각도를 주어서는 안 된다.

④ 백 포인트 윗부분부터 톱 포인트까지 3~4등분하고 모근에 볼륨을 넣기 위하여 두피에 롤 아이론을 강하게 밀착시킨 다음 스무스하게 아이론하여 백 포인트에서는 아래 섹션에 얹듯이 하면서 모 선단부의 길이를 확인하여 아래 섹션의 C자형의 컬이 시작되는 지점에서 아이론을 회전시키면서 모선 끝에서 오프(off)한다.(크라운에 볼륨을 만들지 않으면 안마름이 뒤집어지기 쉽기 때문에 시술 각에 신경을 써야하며, 각각의 가로 섹션끼리의 시술 각도 좌 · 우 대칭을 이루어야 한다.)

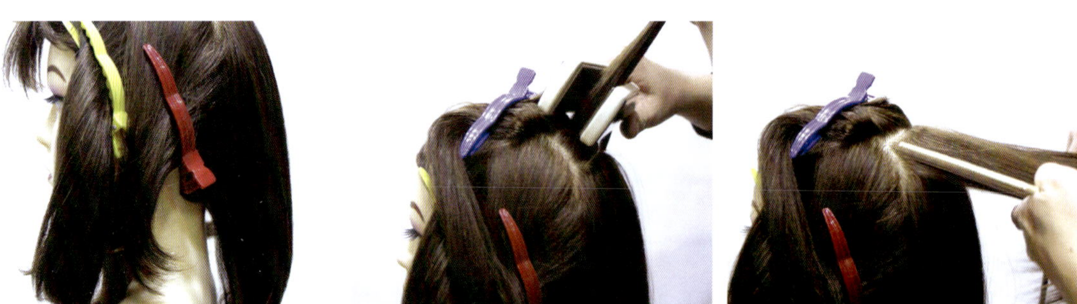

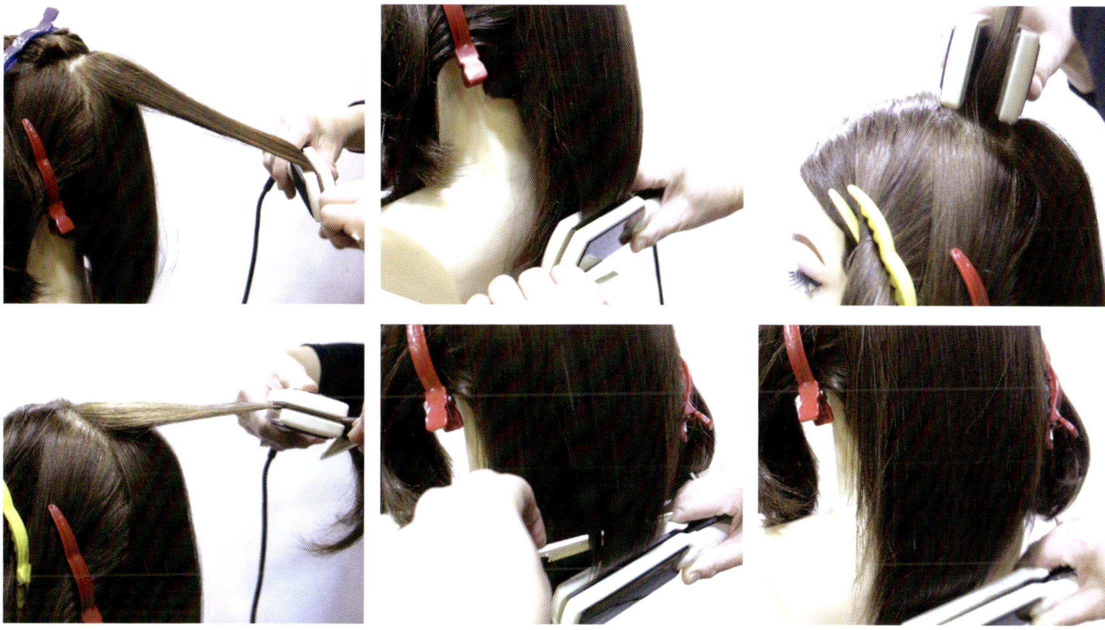

⑤ 양 사이드 파트(side part) : 포워드 섹션(forward sectioning)으로 3~4등분한 각각의 패널은 섹션과 평행이 되게 하고, 모 선단부의 한 바퀴는 롤 브러시를 회전시키면서 컬을 형성하여 이어 투 이어 라인(ear to ear line)과 교차하듯이 풀 백(pull back)하면서 시술해 나간다.(페이스 라인은 모량이 일정하지 않고 페이스 쪽으로 갈수록 높이가 낮아지므로 포워드 섹셔닝으로 이어 투 이어 라인(ear to ear line) 쪽으로 풀 백(pull back)해주지 않으면 페이스 쪽으로 쏠려서 뒤집어지기 쉽다.)

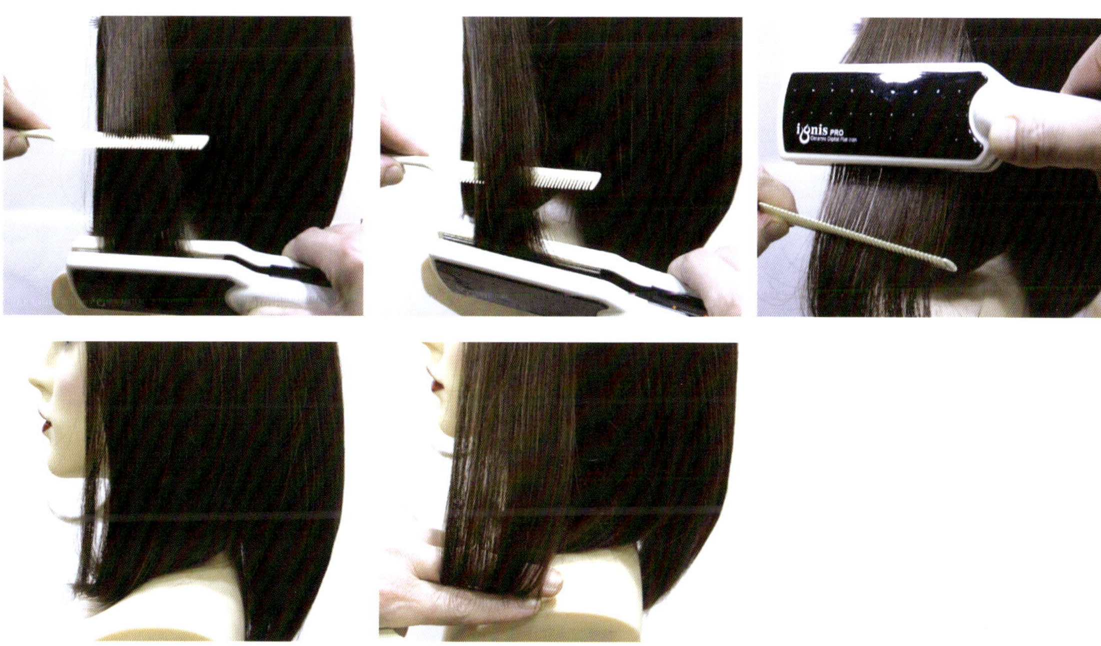

⑥ 프론트 파트(front part) : 중간 가르마(center parting)는 호리존탈 섹션(horizontal section)으로 가르마의 방향과 평행으로 섹셔닝하여 패널을 톱 높이 만큼의 위치로 가져가 아이론을 넣어 아이론의 한쪽 면이 이어 투 이어 라인(ear to ear line)에 겹치듯이 두상 곡면을 따라 아이론을 작동시킨다. 특히, 가르마의 양쪽 경계면의 패널은 아이론의 자국이 생기지 않도록 아이론이 한 바퀴 감길 정도의 위치에 오면 풀 다운(pull down)으로 회전시키면서 아래 패널과 사이가 벌어지지 않게 아래 패널 위에 얹어 준다. 이때 뿌리는 살리되 자국이 지지 않게 하여 톱 포인트에 다다르면 패널을 두피에 스치면서 네추럴 폴(natural fall)로 시술한다.

3) 바깥 마름 기법 (Out roll technique)

아이론으로 시술하는 것이 드라이어로 연출하는 것보다 훨씬 강하게 표현되며 드라이 시술 시는 커트부터 뒤집기 스타일의 모량 조절이 선행되어야 하나 아이론 시술은 모선이 무거워도 아이론의 열 조절에 의한 시술이 가능하다. 아웃 롤(out roll)이 느슨하고 롤의 지름이 길수록 심플하고 활동적인 스타일이 되어 젊어 보이며 아웃 롤의 지름이 짧아 말려들어 갈 수록 딱딱한 분위기로 보인다.

<시술 방법>

① 5등분 블록킹하여 전체적인 뒤집어진 스타일을 연상하면서 스타일링한다.

② 네이프부분부터 플랫 아이론의 두께만큼 섹셔닝하여 모근 부분은 볼륨을 주고 45도 각도로 내려오다가 롤(roll)이 시작되는 부분을 손가락으로 누르면서 안 마름(in roll)과 반대 방향으로 롤링하면서 시술자 쪽으로 아이론을 테이크 오프(take off).(지표면과 평행 이상 올라갈수록 강한 아웃 컬을 형성할 수 있다.)

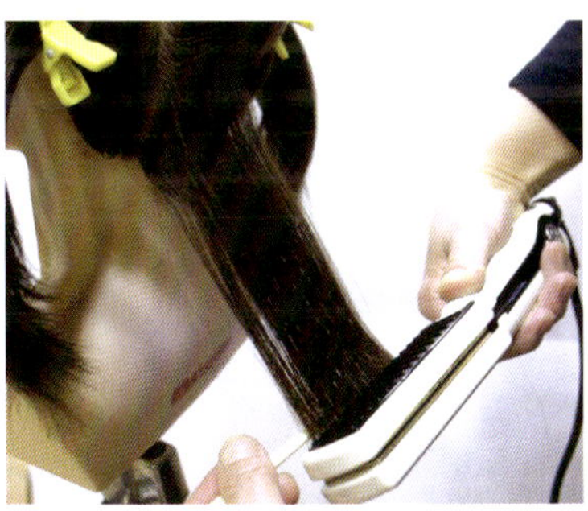

③ 백 포인트까지 2~3등분 하여 위와 같은 방법으로 시술하여 형태를 잡고 아래 패널 위에 올려준다.

④ 모선의 모량을 제거한 스트랜드에서 아웃 컬의 형성이 더 수월하며, 아웃 컬의 방향이 모발이 떨어지는 반대 방향으로 인위적인 방향 전환의 시술이라 지속 기간이 짧기 때문에 많은 텐션과 각도가 선행되어야 한다.

⑤ 골든 포인트까지 3~4등분 하여 백 포인트를 기준으로 모근을 자연스럽게 아이론하여 이어~백 포인트~이어(ear~B.P~ear)로 모으듯이 아이론해 나간다.

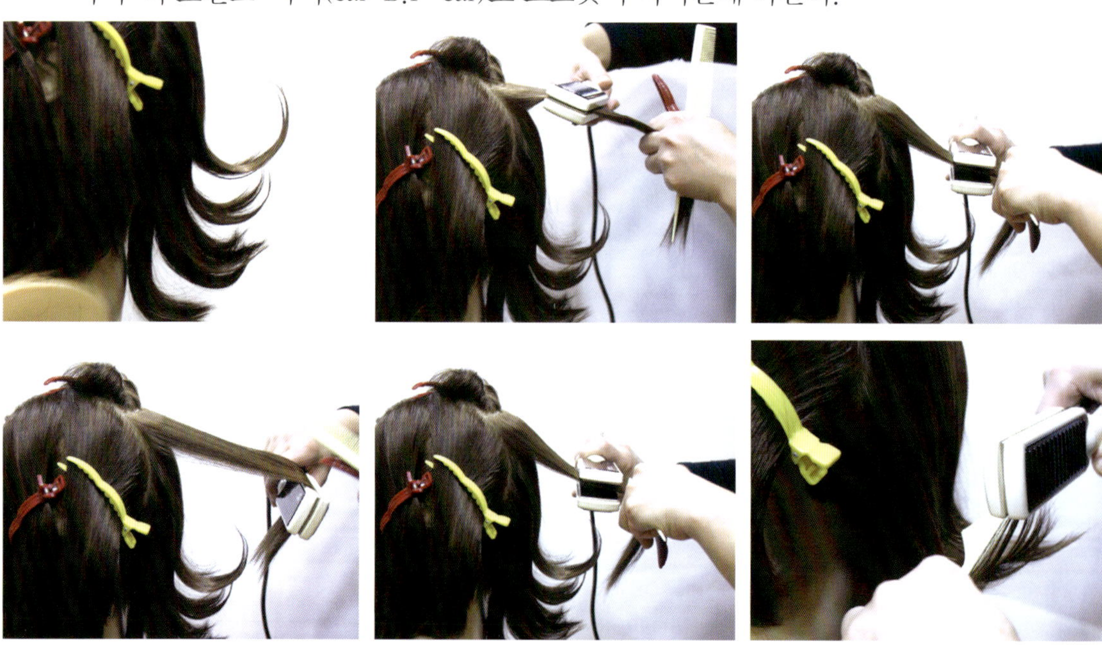

⑥ 골든 포인트~톱 포인트까지는 길이를 체크하여 골든 포인트 아래의 패널과 볼륨 조절을 해가면서 라운딩하듯이 시술한다.

⑦ 사이드(side)는 백워드 섹셔닝 페이스 라인(backward sectioning face line)은 모량이 작기 때문에 이어 투 이어 라인(ear to ear line)에 롤브러시를

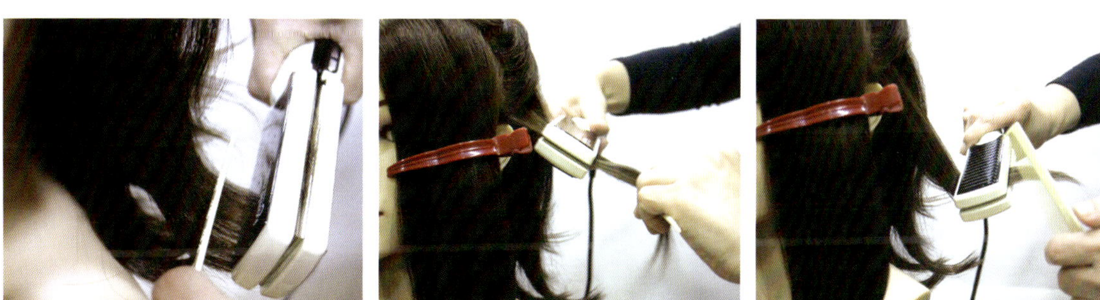

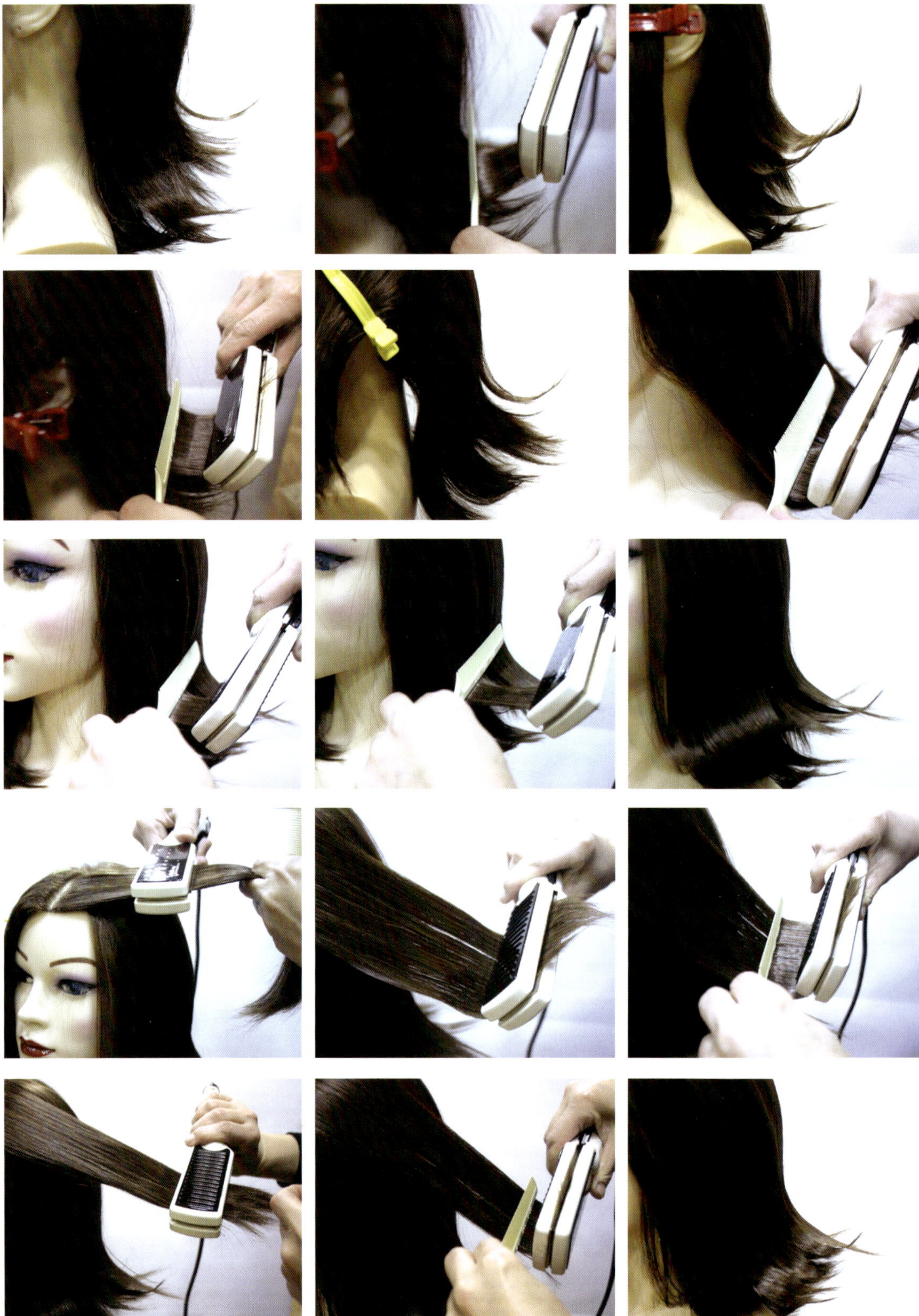

4) S자형의 마름 기법(Spiral S-curl technique)

S-컬을 만들기 위해서는 섹셔닝이 직선, 사선, 나선형 중의 어느 것을 사용해도 무방하나 컬을 형성하는 지점에서의 아이론의 방향이 중요시된다. 다음 시술은 사선을 이용한 기법이다.

(1) 포워드 스파이럴 S-컬 테크닉(Fordward Spiral S-curl technique)

두상의 아래부터 시작하여 위로 진행하며 모발의 길이가 길수록 수평,수직 섹션을 사용하며, 짧아지면 사선 섹션을 이용하여 모 선단 부분은 반드시 손가락을 이용하여 S-컬이 다른 컬들과 어울리는 위치에 고정시킨다.

<시술 방법>

① 아이론 패널의 80% 정도 길이로 블록킹한다.

② 백 센터(back center) 부분에는 오프 더 베이스 섹셔닝(off the base sectioning)

③ 네이프부분부터 컬을 넣어주는데, 아이론으로 한 바퀴 돌리고 뒤쪽으로 당기면서 아이론이 빠져나가면 손가락으로 잡아 디자인한 형태에 맞는 위치에 살며시 놓는다.

④ 아이론의 방향은 컬의 방향에 따라 다르다. 머리끝이 어느 쪽을 향하냐에 따라서 컬의 방향도 틀려진다.

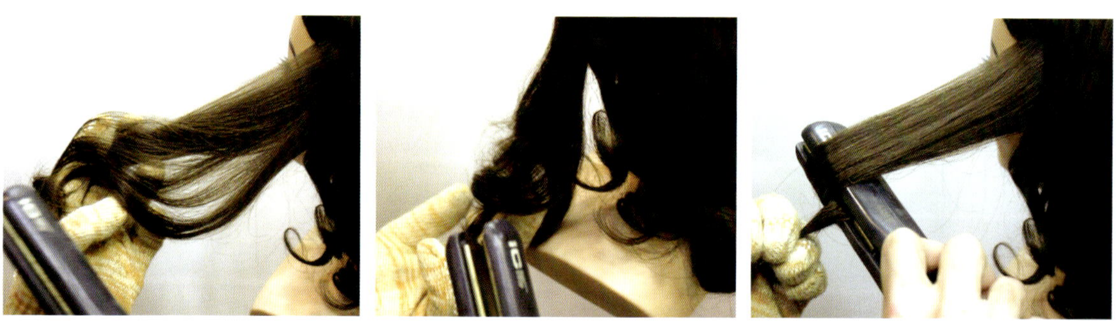

⑤ 아이론을 회전시켜 중간으로 돌리면서 동시에 빼내면서 머리를 돌려준다.

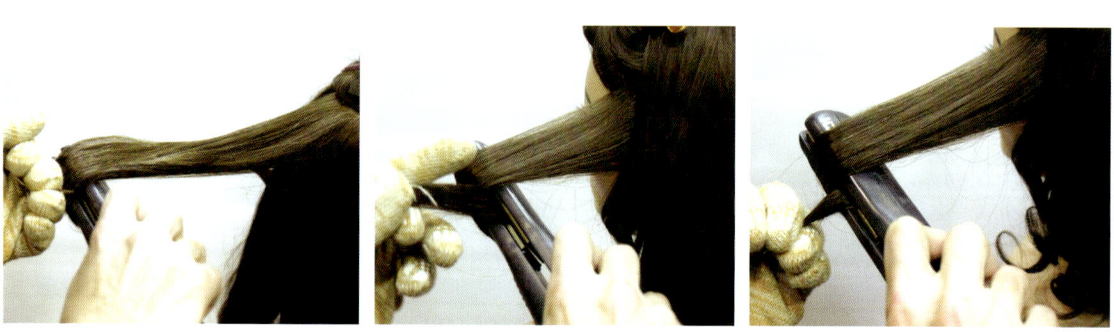

⑥ 사이드(side) : 뒤 → 앞으로 향하도록 돌려서 뒤로 가지고 와서 아래 컬 위에 살며시 얹어준다.(손가락으로 컬을 돌려서 식히면 컬의 방향 그대로 유지된다.)

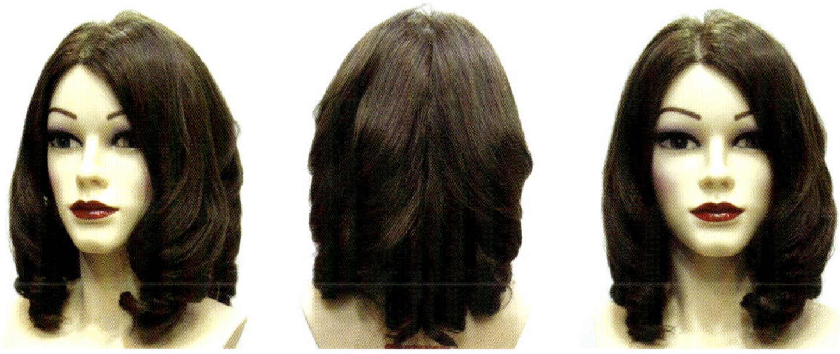

(2) 백워드 스파이럴 S-컬 테크닉(Backward Spiral S-curl technique)

가장 최근에 유행하는 스타일로 20대에서 부터 30~40대에 걸쳐 가장 선호하고 있으며 퍼머 스타일로도 각광을 받고 있다.

백워드 스파이럴 S-컬(backward spiral S-curl)은 드라이어로도 브러시를 이용하여 자연스런 컬을 표현해 낼 수 있지만, 컬의 지속 시간은 아이론 시술한 것이 훨씬 길고 시술 시간도 훨씬 빠르다.

<시술 방법>

① 4등분의 블록킹 후 네이프 하단부의 백 센터(back center)에서 백 사이드(back side)로 진행한다.

② 사전에 퍼머 웨이브가 있다면 아이론으로 1회 스트레이트 테크닉(straight technique)을 구사하여 모근에서 모선까지 시행한 뒤 모근에서부터 진행 중에 최초에 웨이브를 완성한 위치를 파악하고 스트랜드(strand)를 아이론의 사이에 넣어 한 바퀴 돌린 다음 모선이 시술자 방향으로 향하도록 아이론을 회전시킨다.

③ 아이론에 의해 고정된 스트랜드와 디자이너의 우측 손 사이에서 진행되도록 유도하여 모선을 손가락으로 살짝 잡은 상태에서 모선의 끝자락까지 적당히 당겨주는 힘을 유지하여 천천히 아이론을 이동시킨다.

④ 모선 끝자락을 놓으면서 아이론을 회전시키면 컬을 형성하기 시작한다.

⑤ 형성된 컬을 손가락으로 잡아 아래로 살며시 당기면서 원하는 위치에 놓고 모선 끝자락을 반 바퀴 돌려준다.

⑥ 우측 부분도 좌측과 동일하게 진행한다.

⑦ 톱 부분은 호리존탈 섹션(horizontal section)으로 아래쪽의 웨이브 방향과 반대 방향으로 돌려서 내려왔다가 웨이브 처리는 백워드로 처리해주면서 아래쪽을 깔끔하게 덮어서 정리해 주고, 아이론에 의한 웨이브의 조형적인 면이 두드러지게 나타나므로 디자이너의 손가락을 이용하여 웨이브를 완화시켜 준다.

5) 트위스트 나선형 S－컬(Twist Spiral S－curl)

① 사이드(side) : 모근 부분을 먼저 살려서 매끈하게 모선 부분까지 자연스럽게 C-curl로 시술한다.

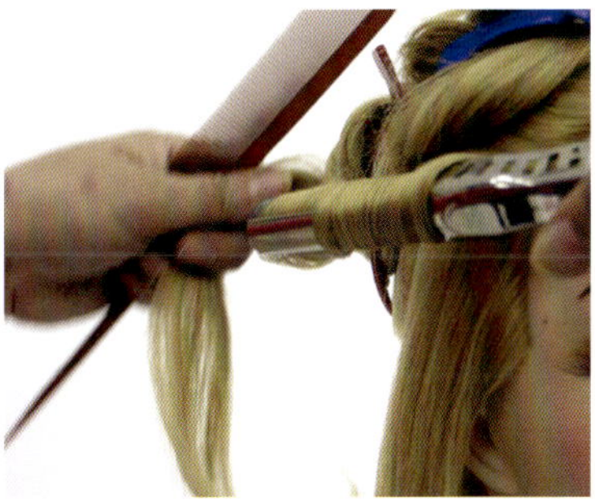

② 모선에서 3바퀴 이상 감길 만큼 올라가 사선 방향으로 45°에서 아이론을 스트랜드 위에 올려놓아 모선을 잡고 롤링(rolling)하여 앞쪽에서 뒤쪽으로 다시 한 번 돌린 다음 아이론 아웃(iron out)하면서 컬을 만든다.

③ 형성된 컬에 아이론을 뒤집어서 스트랜드에 고정시켜 리지(ridge) 방향에 따라 아래로 45° 향하고 손과 스트랜드는 평행으로 유지한다.(이때 모선의 방향은 백 센터(back center)로 향하도록 한다.)

④ 리지(ridge) 아래의 C자형의 웨이브를 리지(ridge) 쪽으로 살짝 밀어주면서 리지(ridge)가 고정될 때까지 아이론의 열을 가하고, 리지(ridge) 형성이 확인되면 아이론

아웃(iron out)하여 다음 리지(ridge)로 넘어가 위와 같은 방법으로 아래 리지를 형성시킨다.

⑤ 마지막 모 선단부는 아이론으로 살짝 누르면서 가져다 놓을 스트랜드의 위치를 파악하여 모선이 들리지 않도록 마무리한다.

⑥ 위와 같이 동일한 방법으로 두상 곡면의 각도를 네추럴 폴(natural fall)로 기준하여 시술한다.

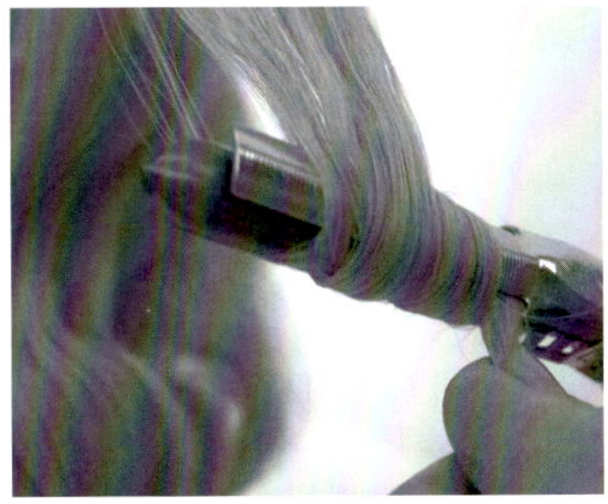

MATAHARI

Blowdry & Upstyle

PART-2
업스타일 편

Chapter 7

업 스타일의 이론적 고찰

1. 업 스타일의 개념

업 스타일은 블로 드라이(blow Dry), 전기 세팅기기(electric Set), 아이론(iron) 등에 의해 웨이브를 구하거나 또는 물리적인 영향을 주지 않는 상태에서 밴드와 핀 등으로 두상의 어느 부분에서 형(form)을 이룰 수 있도록 고정하는 것이라고 정의할 수 있다. 또, 조형되어진 형에 가발이나 피스 등으로 엑센트(accent)를 표현함으로써 디자인의 시각적인 아름다움을 향상시키기도 하며, 필요하다면 액세서리의 사용도 이루어질 수 있기 때문에 업 스타일은 종합적인 헤어 디자인이라고 해도 무방하다 할 수 있을 것이다.

이러한 업 스타일은 아주 특수한 기능으로 인식되었었다. 외국의 경우와 비교하여 우리나라는 문화 및 정서 등의 차이가 있을 수 있으나, 무엇보다 파티와 같은 공개적인 행사의 참석 기회가 부족하거나 전무하기 때문에 업 스티일을 하는 경우가 적을 수도 으나 우리 민족은 예를 중요시하는 혼례식과 명절, 그리고 가족 등의 특별한 행사 시에는 의상과 함께 업 스타일을 해야만 하는 때가 있다. 업 스타일이 모든 이미지 표현 방법 중에서 가장 우아하고 아름다운 스타일이기도 하지만, 무엇보다도 최고의 스타일로 자신을 치장하려는 욕구에서부터 그 본질을 찾을 수 있을 것이다.

업 스타일은 한정적인 시간과 공간에서 활용하는 스타일이기는 하지만, 그때마다 최고의 스타일이 연출되기를 소비 고객은 원하고 있다. 그래서 많은 디자인 방법을 숙지하고 있어야만 하지만 소재의 한정성 때문에 적잖은 애로 사항이 따른다.

업 스타일은 앞에서 설명한 대로 웨이브를 구하거나 또는 직모의 상태로 조형하기도 하며, 때로는 머리를 땋아 완성하는 것까지를 말한다. 업 스타일의 특징은 대부분의 모델의 목선 위에서 이루어지는 것이다. 특수한 경우 목선 하단에서 디자인이 있을 수 있으나 이는 작품성의 제시일 뿐 실용적이지 못하다는 이유로 현실에서는 외면하고 있는 실정이다. 왜냐하면 사람은 인형과 같이 고정되거나 움직임이 없는 동물이 아니라, 언제나 유동적이기 때문에 유동에 의한 완성된 스타일은 손상을 초래할 수 있는 사유가 다분하기 때문이다.

또한 업 스타일을 완성하는 여러 단계는 헤어 디자인의 기초적인 지식이 절실히 요구된다. 이는 업 스타일을 행하기 전에 필수적인 블로 드라이나 전기 세팅기, 각종 기구 등을 사용하기 때문이며, 경우에 따라서는 머리 길이와 모량을 정리하기 위한 순간적인 헤어 커트가 필요할 수 있고, 염색과 탈색을 시술하여야 하는 경우도 있기 때문이다. 따라서 업 스타일은 모든 디자이너가 가볍게 생각할 수 있는 사안은 아니지만, 반복적인 연습으로 터득할 수 있을 것이다.

2. 업 스타일의 조건

업 스타일을 연출하기 위한 조건으로는 모델, 기구, 재료 등과 스타일의 완성도를 더욱 높여줄 메이크업과 의상, 그리고 액세서리나 장신구의 소재가 복합적으로 작용하는 유기적 관계를 갖고 있어야 한다. 왜냐하면 어느 한 부분의 미흡함이 전체적인 완성도를 낮추기 때문에 어느 것 하나 소홀해서는 안되며 또 이러한 복합적인 것들과 우수한 기술이 접목됨으로써 디자인의 결과는 매우 양호하게 나타나는 것이다.

1) 모델

모델의 외모와 스타일의 완성도에 영향을 미칠 메이크업, 그리고 의상이 어떠한지를 알아야 한다. 대체적으로 업 스타일은 여성들에 있어서 한복을 착용하거나 드레스를 착용할 때, 그리고 공식 석상의 파티 등에서 활용되기 때문에 의상, 메이크업의 밸런스를 유지하고 있어야 한다. 또, 내적 요인으로는 모발의 색상과 길이, 그리고 모량이 적절한 유기적 관계를 갖고 있어야 한다.

업 스타일을 같은 조건에 동일한 방법으로 디자인된 스타일이라고 하여도 헤어 컬러의 표현이 없다면 디자인의 결과가 미흡하게 나타난다. 그리고 적당한 모량이 있어야 하겠지만, 무엇보다 모발의 길이에 관한 한 예민한 관찰이 이뤄져야 한다. 모델의 내적 요인 중에서 모발의 길이가 차지하는 비중이 월등하게 많기 때문에 매우 중요한 요인이 된다.

대체적으로 내적인 요인인 모발 길이에 따라 디자인을 계획하고 실행에 옮기기 때문에 서로 다른 모발 길이의 모델에게서 동일한 디자인을 한다는 것 자체가 매우 어려운 일이다. 또, 여기에 퍼머넌트 웨이브와 두상의 밸런스가 요구되고 있으나 적절한 대처 방안이 있기 때문에 큰 문제로 대두되고 있지는 않는다. 최종적으로 스타일이 쓰여지는 환경에 따라 디자인을 완성하여야 할 것이다. 혼례와 같은 경사 시에는 면사포가 스타일 위에 씌워지지만, 일반적인 한복이나 정장으로 의상이 교체될 경우를 잊어서는 곤란하다. 그래서 모델의 외적 변화까지를 감안한 디자인이 제시되어야 한다. 그리고 혼례용의 업 스타일은 보다 많은 핀을 사용해서라도 디자인이 해체되거나 손상되는 것을 방지하여야 한다. 신부의 경우는 많은 시간을 하나의 스타일로 유지하여야 하기 때문에 이러한 환경적인 조건을 고려한 스타일로 완성되어야 할 것이다.

(1) 신장

모델의 신장은 업 스타일의 전체적인 구조에 많은 영향을 주는 편이다. 그래서 신장에 따라 업 스타일의 구조와 포인트를 다르게 적용하는 것이 미적인 감정을 표현하는 데 도움이 된다. 예를 들어 신장이 작은 조건에서는 신장의 균형에 조화를 유지할 수 있도록 디자인을 계획하고, 실행하는 데 전체적인 디자인 구조가 작도록 행하며, 모델의 작은 신장의 콤플렉스를 보완하기 위한 방안으로 톱 부분에 포인트와 볼륨을 나타내는 것을 예상할 수도 있을 것이다. 이를 수행하기 위해서는 보조물을 이용하는 방법이 있으나, 보조물에 의한 디자인의 크기가 커지게 되면 신장과의 밸런스에 영향을 미치므로 주의가 요망된다. 그리고 작은 신장에 부합되는 다양한 디자인 방법을 숙지하고 노력해야 하며, 또한 신장이 큰 모델에게는 안정감 있는 디자인을 실행하여 여성스러움을 강조하는 슬기와 기예가 요구된다.

(2) 몸무게

모든 물체와 사물은 고유색과 인위적인 색상 연출에 의한 중량감 증대와 감소 효과를 나타내고 있다. 이것처럼 사람에 있어서 중량감을 조절하기 위한 방법으로 헤어 컬러와 의상 등의 색상으로 연출하기도 한다. 색상 표현으로는 일반적인 스타일에서는 화려한 색상을 피하는 것이 좋으며, 각종 미용 기술 경진대회의 스타일과 같은 컬러는 일반적인 스타일에서는 화려한 색상을 피하는 것이 좋으며, 각종 미용 기술 경진대회의 스타일과 같은 컬러는 일반인들은 소화할 수 없는 것이므로 헤어 컬러 연출 시에는 이러한 사항을 고려해야 한다. 우리나라의 경우는 한복, 드레스 등의 의상과 예를 중시하는 공간과 시간에서 관례상 많은 친척들과의 대면이 이루어지기 때문에 모델의 개성보다는 전체적인 분위기와 조화로움을 나타내야 할 것이다. 즉, 각종 미용 기예를 겨루는 경진대회에 출품하는 창작 작품이 아니라면 일상적인 생각으로 디자인을 행하여야 할 것이다. 이러한 중량감의 감소나 증대는 염색과 탈색, 그리고 산성 염색체와 일시적인 염모제를 활용할 수 있으나 일반적인 고객의 입장에서 보면 흔하게 연출되는 스타일이 아니기에 그 중요성을 인식하지 못하는 경향이 있다.

(3) 외모

모델의 전체적인 외모에서 어떠한 스타일로 디자인 공정을 진행할 것인가를 알아야 하는데, 그 사람의 외모에서 좀 더 아름다움을 느낀다거나 혹은 그렇지 않을 경우의 상황까지도 고려해야 한다. 하나의 스타일을 모든 모델에게 적용했어도 디자인을 바라보고 판단하는 시각이 다르며, 모든 헤어 디자인은 모델의 외모와는 아주 밀접한 관계를 갖고 있다.

(4) 모발의 특성

위의 여러 조건에서 디자인 공정과는 양호한 관계를 유지하고 있어도 모발의 조건이 적합하지 않으면 디자인을 완성할 수 없을 뿐 아니라 디자인 공정을 불안정하게 진행하여야 할 상황이 전개되기도 한다. 모발은 직모와 곱슬모, 그리고 퍼머넌트 웨이브진 모발, 손상모와 건강 모로 나눌 수 있다. 여기에서 직모는 전기 세팅기기로 웨이브를 구할 수 있고, 곱슬모는 블로 드라이, 아이론 등의 기구를 활용하여 직모의 연출이 가능하며, 이후 전기 세팅기기와 같은 기구로 웨이브를 연출하여 업 스타일의 디자인 공정의 초기에 다다를 것이다. 그러나 퍼머넌트 웨이브형의 모발은 웨이브의 형태에 따라서 각각 다르게 진행할 수도 있다.

① 강한 웨이브 : 블로 드라이어로 직모 연출과 웨이브 연출, 또는 전기 세팅기기 활용
② 약한 웨이브 : 블로 드라이어에 의한 웨이브 연출, 전기 세팅기기 · 아이론에 의한 웨이브 연출

또 건강 모와 손상 모는 디자인 공정을 방해하는 요인이 되기도 한다.

① 건강 모 : 스타일 완성 후 흘러내릴 수 있다. 핀의 고정력이 약하다. 백콤이 용이하지 않기 때문에 볼륨감 표현이 어렵다. 모발이 굵어 밀도가 높을 가능성 때문에 다양한

디자인 연출이 어렵다. 스트랜드의 웨이브 연출이 어렵다.

② 손상 모 : 빗질이 용이하지 않다. 볼륨감 표현은 용이하나 잘못하면 미적 감각이 저하된다.

여기에서 건강 모와 손상 모의 차이에서 염색이 성행하고 있다는 상황을 감안한다면 건강 모보다는 손상 모의 디자인 연출이 더 나을 수도 있다. 그러나 손상 모의 손상 정도가 극도로 진전되어진 경우라면 디자인 공정을 방해하는 요인이 된다. 또한 컬러 센스를 비롯하여 모델이 가지고 있는 헤어 커트 스타일과도 밀접한 관계를 유지하고 있다는 것을 명심해야 할 것이다.

(5) 메이크업

완성된 스타일을 보완해 주기 위해서는 메이크업이 필수적으로 따라야 한다. 메이크업에 있어서 모델의 취약점을 최대한 감추고 개성을 강조할 수 있는 기능을 구사해야 한다. 아무리 훌륭한 디자인이라 해도 메이크업의 뒷받침이 없다면 작품성이 떨어질 수 있기 때문이다.

(6) 의상

모델이 착용할 의상의 형태 · 색상 등에 유의하여야 할 것이다. 의상에 대한 색상과 모델의 목덜미 부분을 장식하게 될 목선의 디자인을 관찰해야 한다.

(7) 헤어 컬러

일반적으로 헤어 컬러라고 하는 것은 염색이나 탈색으로 기본적인 모발의 색을 변화시키는 것이라고 생각할 수도 있다. 그러나 업 스타일에서 응용되거나 업 스타일의 완성도를 높이는 효과로는 단순한 염색이나 탈색만으로 그치지 않고 모발의 결, 즉 모류를 효과적으로 나타내고자, 또는 두상의 부분별 컬러 연출, 그리고 하나의 스트랜드에서 컬러의 그래듀에이션(graduation)을 표현하여 디자인하는 것을 말한다.

이러한 헤어 컬러를 연출하기 위해서는 탈색과 염색을 기본으로 산성 컬러의 이용이 필수적으로 따른다. 헤어 컬러의 표현 중에서 헤어 디자인에 적용시킬 수 있는 기능은 컬러의 그래쥬에이션 방법일 것이다. 이 방법에서는 색채의 질감과 강약, 그리고 중량감까지도 감안하여 표현할 수 있을 것이다.

또한 부분적인 밝은 탈색과 염색에서 모류의 흐름을 표현하고, 밝은 색상의 모발은 전체적인 구상에서 디자인의 중량감을 감소시키는 요인이기에 가볍다는 인상을 줄 수 있고,

스트랜드로 다양한 웨이브를 조형하는데 도움이 되기도 한다. 이렇게 연출된 디자인은 다양한 연출에 의한 시각적 만족을 더해 준다.

(8) 모발의 길이

디자이너가 어떠한 스타일로 완성할 것인가를 계획하는 단계에서 모델의 조건 중 모발의 길이는 가장 많은 비중을 차지한다. 좋은 디자인의 계획도 모발의 길이에 따라 디자인 과정에 어려움이 따를 수 있으며, 디자인 완성이 불가능하게 될 수도 있다. 따라서 모발의 길이를 우선적으로 관찰하는 것이 신속한 디자인 공정에 도움이 되는 것이다. 이러한 상황은 디자인 공정의 기회가 부족하거나 짧은 경력자일 경우는 심각한 디자인 방해 요인으로 작용한다는 것을 알아야 한다.

(9) 모발의 밀도

모델의 모발 길이가 적절하다는 판단하에 그 모델의 특성 중에서 모델의 밀도가 낮거나 높을 경우 역시 디자인에 어려움을 준다. 이런 요인은 디자인 계획과 실행 과정에 장애를 유발한다. 낮은 밀도의 모발을 지닌 모델에게는 백 콤이나 보조물을 사용하여 디자인 과정을 구상해야 하고, 밀도가 높은 모델에게는 볼륨감의 표현에는 영향을 미치지 않다고 하여도 핀의 고정력이 약하게 작용할 수 있어서 스타일을 고정하는 영역에 관심을 두어야 할 것이다. 또 높은 밀도의 소유자는 대체적으로 모발이 굵고 건강하기에 디자인 공정에 방해 요인으로 작용할 수 있다.

(10) 퍼머넌트 웨이브

업 스타일을 연출하는데 좋은 조건은 어느 정도 웨이브가 형성되어 있어야 한다는 것이다. 물론 업 스타일에 특별히 좋은 조건으로 작용한다는 것 뿐 아니라 퍼머넌트 웨이브의 영향으로 전기 세팅기기의 활동성이 더욱 증가되어 웨이브 조형에도 다소 도움이 된다는 것이다.

다시 말하면 직모의 조건보다는 퍼머넌트 웨이브 모발이 세팅기기의 영향으로 웨이브 연출이 더욱 좋을 수 있다는 것이다. 따라서 업 스타일을 해야 하는 특수한 상황이거나 계획 중의 고객은 퍼머넌트 웨이브 연출을 우선적으로 행해야 한다. 그렇다고 직모는 업 스타일의 연출이 불가능하거나 어렵다는 것이 아니라 단지 진행 과정상 퍼머넌트 웨이브의 모발이 디자인하는데 용이하다는 것이다. 그러나 스트랜드의 다양한 웨이브로 업 스타일을 구성하려는 발상 하에서는 웨이브가 필수적으로 따라야 한다.

(11) 두상의 밸런스

두상의 밸런스라고는 하지만 업 스타일에서는 얼굴 선과 목선의 형태를 관찰해야 한다. 사람에 따라서 헤어 라인의 형태가 다르다는 것을 알아야 한다. 예를 들어 목선의 조건이 좋게 나타나지 않았을 경우 인위적으로 디자인 완성을 톱에서 이루려는 의도를 배제하는 것이 좋을 수 있다. 또 얼굴 선의 조건에 따라 얼굴 선을 감추거나 보일 수 있도록 계획할 수도 있을 것이다. 그리고 두피의 튀어나온 부분이나 특이한 경우는 업 스타일에 있어서 해결할 수 있는 기능으로 백 콤과 보조물을 응용하는 방법으로 행한다.

(12) 주어진 환경

모델이 어떠한 장소에 어떠한 형식의 행사에 참석하는가를 알아야만 한다. 대부분의 업 스타일을 요구하는 고객들은 결혼식과 가족의 행사가 주된 원인으로 되어 있고, 특수한 상황, 즉 발표회 등과 같은 행사가 있을 수도 있다. 이러한 환경을 파악하여 적절한 디자인을 계획해야 한다.

(13) 연령

동일한 스타일을 모든 연령의 모델에게 적용시킬 수 없다. 젊은 층의 고객에게는 시뇽(Chignon) 스타일이나 발랄한 스타일로 완성하는 것이 좋으며, 중년 이상의 고객에게는 중후함과 함께 고급스런 이미지를 연출해야 할 것이다.

이상과 같은 내 · 외적 조건에 적합한 스타일을 완성해야만 디자이너에 의해 제시되어지는 스타일은 일반적으로 수종에 불과한 수준이다. 이는 고객들의 요구가 아주 특별하다거나 화려한 스타일의 요구가 자제되고 있다는 사실, 그리고 업 스타일의 특성상 일가친척의 모임과 같은 행사에 주로 쓰여지고 있다는 것에서 의미를 둘 수도 있다. 따라서 디자이너가 수종의 스타일 연출 능력을 소유하고 있으며, 응용 범위를 넓힐 수 있는 디자인 발상이 주어진다면 헤어 디자이너로서 헤어 디자인 활동에 원활하게 참여할 수 있는 것이다.

Chapter 8

업 스타일의 국내외 역사

업 스타일의 역사는 우리 인류의 역사와 마찬가지로 고대부터 이미 미의 장식용이나 명예, 지위, 신분을 나타내기 위하여 행해졌다. 우리나라에서는 일본으로부터 미용 문화를 접했었기 때문에 업 스타일이라 칭하지만, 미국이나 유럽 등지의 서양 문화사에서는 시뇽(chignon)이라는 용어를 사용하고 있다. 따라서 롱 헤어가 주류였던 옛날 시뇽(chignon)의 모양은 시대 감각을 반영하고 있다.

1. 서양

1) 고대

(1) 이집트 시대(~B.C. 3200)

간단한 의복에 비해 머리 장식에 기교적인 것을 많이 사용하였다. 종교적인 의식과 청결함을 사랑하는 국민성, 강한 태양열로부터 머리를 보호하기 위해 모자대신 그물로 된 캡(cap)에다 가발 재료를 땋거나 간추려 엮어서 만든 가발을 남자는 머리카락을 밀어낸 위에, 여자들은 짧게 깎아낸 위에 많이 사용하였다.

(2) 그리스 시대(B.C. 3000~B.C. 400)

그리스 여성들의 머리는 항상 긴 머리로 향유를 바르고 자연스럽게 뒤로 늘어뜨렸으며, 허리까지 내려오기도 했다. 또한 금발을 선호하여 잿물이나 노란색 꽃을 우려낸 물에 머리를 감았다.

앞머리는 곱슬한 컬(curl)을 하고 옆에는 작은 고리 모양을 만들었으며, 목에서 묶어 간단한 형태가 유행했다. 금속이나 리본의 좁은 띠나 화관을 사용하였으며, 머리 형태가 점차 정교하고 화려해져 B.C. 4세기경에는 목덜미에서 올린 시뇽 스타일(chignon style)에 여러 가지 색깔의 스카프나 금실에 진주를 끼워 만든 그물로 싸서 10~12cm의 상아나 금속에 금박이나 보석을 박은 머리핀과 마, 비단, 모 등으로 만든 백색의 베일을 장식품으로 사용하였다.

이러한 자연스러움과 우아함을 지닌 근대적인 머리 형태는 후세인에게, 보석으로 된 장식품들은 비잔틴 여인들에게 영향을 주었다.

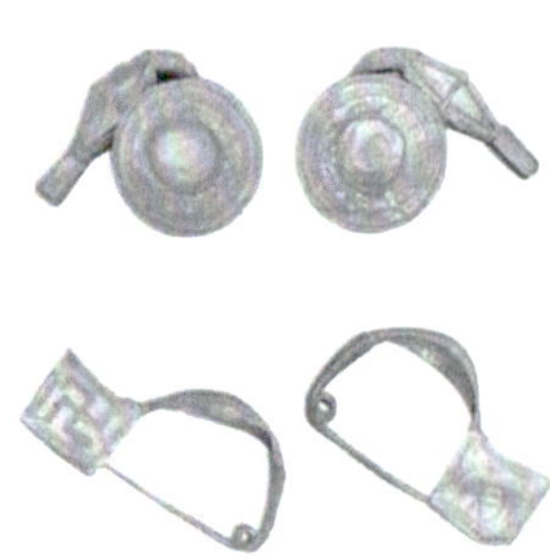

(3) 로마 시대 (B.C. 800~300)

그리스인들의 머리 형태보다 약간 복잡하나 비슷하였다.

귀족들은 황색을 선호하였고 하류 계급들은 노랑색과 청색 머리를 선호하였다. 공화정 때에는 목덜미에서 올린 단순한 시뇽 스타일이었고, 왕정 때에는 앞머리는 컬로 올리고 뒷머리는 땋거나 둥글게 말아서 쌓아올린 시뇽 스타일이 유행하였다.

2) 중세

(1) 비잔틴 시대(400~1000)

전제 군주제가 확립되어 머리에 쓰는 관이나 장식을 중요시했기 때문에 머리 모양이 잘 나타나지 않았으나 10세기 말, 상류 사회 여성들은 시뇽 스타일보다는 머리를 자연 그대로 길게 늘어뜨리거나 양쪽으로 길게 땋아 허리나 무릎까지 늘어뜨렸다.

(2) 로마네스크 시대(1100~1300)

비잔티움의 영향을 받아 앞가리마를 타서 두 가닥이나 세 가닥으로 땋아 길게 내려뜨린 형태가 주를 이루었으며, 가발이나 리본으로 감아내려 거의 발까지 닿을 정도로 타래를 드리웠다. 또한 귀부인들은 관이나 베일을 장방형의 얼굴만 나오게 하여 길게 늘어뜨렸다. 그러다가 12세기에 접어 들면서 머리를 위로 올려 꼭 붙게 망으로 쌌으며 바비트(barbette)와 필레(fillet)를 사용하여 머리에 둘렀다.

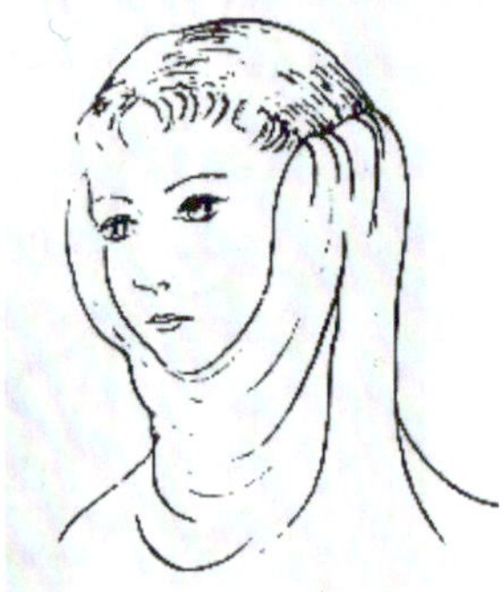

(3) 고딕 시대(1400~1500)

금발을 좋아하여 황색 염색을 하였으며 기혼 부인들이 중앙에서 나누어 땋아서 양 귀를 덮고 토크형의 관이나 금, 은, 견사와 보석을 장식한 그물망을 덮어썼다. 린넨천으로 귀 위에서 모자에 꽂아 넣었고 밑의 천은 의복의 목 둘레 속에 넣어서 정리하였는데, 중세의 이 머리 장식은 오늘날까지 종교적 관습으로 남아 있다.

15세기의 머리 형태는 화려함보다는 기이하게 변형되어 머리카락을 깨끗이 위로 올려 머리 장식 속으로 넣었는데, 당시는 이마가 넓은 것이 미인이라고 생각하여 앞머리는 높게 뽑았다고 한다.

그리고 1440년부터는 이러한 머리 장식을 위로 높이 빗어 넓은 머리띠로 단단하게 고정시키고 눈썹은 위로 올라가 얼굴은 상아나 고분의 조각 같았다. 템플러(templer)로 머리 옆과 뒤를 호화롭게 장식하였으며, 심으로 만든 둥근 롤을 중앙에 내려오게 하거나 보석으로 장식된 핀을 써서 넓은 이마와 목의 아름답고 화려한 선을 더욱 강조하였다.

15세기 후반에는 넓이를 강조한 에스커피온(escoffion)과 고딕 건축물의 뾰족함을 살린 에넹(hennin)이 상류 계급들 사이에서 생겨나 높은 머리 장식이 유행하였으나 많은 불편이 생겨남에 따라 크기는 쓰는 사람의 지위에 따르도록 하였다.

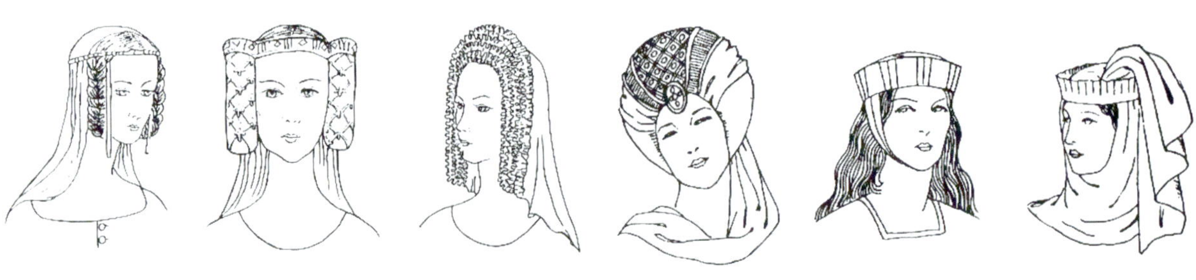

3) 근세

(1) 르네상스 시대(1400~1600)

14세기경으로부터 16세기에 걸쳐 그리스, 로마의 고전 문예가 부활하여 황금색이나 적색으로 염색하였으며, 가발을 사용하여 길게 늘어뜨린 머리를 고전적인 방법으로 뒤로 모아 끈으로 묶거나 여러 가지 색의 머리띠, 화환을 사용하였다.

이마를 완전히 두드러져 보이게 올백으로 빗어 넘기거나 가운데 가르마를 타고 후드나 본넷을 쓰다가 머리 장식이 완전히 변화하여 고딕풍을 연상시키는 에넹(hennin)이 16세기 전까지 유행하다가 앞이마를 드러내 놓고 게이블 후드(gable hood), 프렌치 후드(french hood), 마리 스튜어드 캡(marie stuart cap) 등의 머리에 꼭 맞는 모자로 장식한 기법이 유행하였다.

(2) 바로크 시대(1700)

머리 위에 높게 묶거나 꼬는 듯한 머리 다발을 둥글게 한 것이 특징이다.

칼라 둘레의 영향을 받으며 변화한 것이 특징으로 17세기 초 대형 러프(ruff)나 부채형의 세운 칼라가 유행할 때에는 머릿속에 가발을 넣고 포마드로 굳혀서 높이 빗어 올린 후 보석이나 진주로 장식된 핀을 꽂았으며 좋아하는 색깔의 머리 분도 발랐다.

루이 14세 시대에 들어와서는 양옆을 부풀린 과장된 형태가 사라지고 퐁탕주(fontanges)라고 하는 새로운 형태의 작고 둥근 캡을 썼으며, 화려한 귀족풍의 의복에 따른 기이한 머리 형태와 장식은 18세기 말에 극치에 달했다.

(3) 로코코 시대(1800)

가장 흥미를 집중시키는 스타일을 연출하여 바로크 시대의 퐁탕주(fontanges)형에서 퐁파두르(pompadour)형이라는 머리카락을 부풀리지 않고 뒤로 빗어 넘긴 우아하고도 깔끔한 낮은 머리형이 유행하였다.

1760년경이 되어서 머리형에 변화가 나타나 점차 머리 모양이 높아지고 거대해 갔으며 그위에 장식을 했다. 짧게 컬이 된 속에 패드를 넣고 자신의 머리와 타래머리로 다듬어서 마치 자신의 머리처럼 보이게 하거나, 자신의 머리는 짧게 자르고 그 위에 가발을 쓰는 두 가지의 방법을 이용하여 대형 머리를 만들었다.

이 시대의 취향은 머리형을 예술적이게 하여 로코코의 여왕이라 불리던 마리 앙뜨와네뜨 시대에는 높이와 기교에 있어서 가능성의 극한점까지 도달하였는데 마리 앙뜨와네뜨의 머리형은 헤어 디자이너 오띠에에 의해 고안되었고 황실 의상 디자이너 베르뎅양도 머리형 고안의 제일인자였다.

머리를 높게 하기 위해 캡, 위그, 말털 쿠션, 철사받침 등의 패드를 머리 위에 얹고 자신의 머리로 패드를 덮었으며 포마드, 밀가루, 풀 등을 사용하여 최고 90㎝ 높이의 역사상 가장 거대한 머리형을 연출했다.

4) 근대 (1900)

머리 위에 높게 묶거나 머리 다발을 높게 세운 것이 특징이다. 시뇽의 전성기는 1860년대로 헤어 스타일의 포인트가 되었다.

(1) 엠파이어 시대

19세기 초 나폴레옹 대관식 이후 복식이 심플해 짐에 따라 머리도 점차 낮아지고 간단해 지기 시작하였다. 18세기 말 이후 짧게 깎아 티투스(titus)형으로 하거나 곱슬거리는 컬을 부분적으로 늘어뜨리고 머리를 뒤쪽으로 높게 치켜 빗고 리본으로 묶는 그리스 시대의 스타일이 유행하였다.

위와 같이 간단한 머리 형태와는 별도로 가발도 많이 사용되었으며, 머리에는 염색을 하고 여러 가지 색깔의 분도 발랐다. 당시 흐린 핑크색이 가장 유행하였으며 회색, 청색, 보라색 등도 사용하였다.

(2) 로맨틱 시대

고전적인 머리 형태는 사라지고 머리의 양옆이나 뒤에 가발을 붙여 크게 결발을 하였는데, 가르마를 타서 양쪽 옆머리가 관자놀이로부터 둥근 롤을 만들어 볼로 내려와 양쪽 귀를 덮는 스타일, 뒷머리를 땋거나 꼬아서 위로 고정시키는 스타일과 머리를 높이 올려 큰 빗으로 고정시키고 꽃, 깃털 등으로 장식하는 정교한 아폴로 노트(appollo knot)를 하거나 좋아하는 형태의 가발을 썼다.

또한 이마 양쪽에 곱슬거리는 가발을 달고 레이스, 리본 등으로 아름답게 꾸며 밝고 화려한 분위기를 나타내었다. 1837년경에는 자연스러운 머리가 유행하여 가르마를 타서 관

자놀이로부터 부드럽게 내려 여러 방법으로 변화시켜서 관자놀이와 귀를 덮기도 하고 땋거나 꼬아서 보석이 박힌 빗과 핀을 꽂았다.

1840년대 이후에는 가운데 가르마를 타고 양쪽에는 소시지 컬(sosage curl)이라 하여 귀를 덮고 뒷부분에 머리를 말아 붙이고 꽃으로 장식하는 스타일이 유행하였다.

(3) 크리놀린 시대

붉은 갈색에 마돈나처럼 가운데 가르마를 타고 돌돌말린 컬을 양쪽으로 자연스럽게 늘어뜨리는 형이 유행하였다. 장식품은 계절과 의복의 색채에 따라서 비단, 벨벳, 리본, 깃털, 레이스 등으로 화려하게 장식했으며 머리 빗, 생화, 조화 등의 장식품은 젊은 여성들에게 유행하였다.

(4) 버슬 시대

버슬이 유행함에 따라 머리 형태와 장식은 더욱 정교하고 다양해져 퐁파두르형으로 앞에서 뒤로 머리를 넘기거나 이마 위에 작은 컬을 하고 컬을 한 머리를 뒤 어깨에 늘어뜨려 굵게 땋아 시뇽이나 뒤로 높게 올렸으며 꽃, 아름다운 빗, 핀 등을 꽂았다.

5) 현대

(1) 1900년대

1990년 초는 퐁파두르 스타일(pompardour style)일 유행하였는데, 이것은 본래 프랑스의 국왕 루이 15세의 정부였던 마담 드 퐁파두르(1721~64)가 유행시킨 머리 형태로 그녀의 이름을 따서 퐁파두르라고 부르게 된 것이다. 퐁파두르가 처음 나타난 당시 이 머리 형태는 가르마를 하지 않고 머리카락을 두상에 딱 붙여 빗어 올려 머리 뒤에서 정리해 양쪽 귀 밑으로 애교 머리를 내놓는 방식으로 나타났다. 그러나 20세기 아르누보 시대에 유행했던 퐁파두르는 18세기에 나타난 것과는 다르게 느슨한 형태가 인기 있었고 여러 가지 변형이 나타났다. 앞머리는 이마 위로 빗어 올리고 기다란 뒷머리는 뒤에서 올려 높이 고정시켰는데, 가끔은 래트(rat)나 스위치(switch)와 같은 머리 다발이나 인공 패드를 머릿속에 집어넣어 부풀리는 효과를 주었다. 또한 부풀리는 효과를 줄 때는 백 콤(back-comb) 효과를 주었으며 뒷머리는 시뇽(chignon)으로 했다. 앞머리는 이마 너머로 넘겨지거나 퍼프되고, 웨이브를 주어 매력적으로 보이게 하였다. 패드나 시뇽은 이마 가까운 곳이나 머리 꼭데기 혹은 목의 중간 높이나 낮은 곳에 다양하게 부착되었다. 타원형의 머리형태는 머리의 양쪽을 감는 형태였는데, 이것은 머리 뒷부분에서 머리를 끓어내어 머리끝을 뒤집어 귀 위로 올려서 부드럽게 머리 타래에 감아 핀을 꽂아서 머리카락이 미끄러져 내려가지 않게 한 것이였다.

퐁파두르 스타일의 머리 형태는 아르누보의 풍요러움과 곡선미가 머리 형태에도 나타난 것이라 할 수 있다. 이 시대의 풍요로움이 머리 장식에도 나타났으며 20세기 이전보다는 무척 단순화되었고, 과잉 장식적 머리 형태에서 단순한 형태로 가는 첫 단계의 스타일이라고 볼 수 있다.

(2) 1910년대

제1차 세계대전(1914 ~ 1919)이라는 시대적 배경 속에서 상하 계층을 막론하고 많은 여성들이 남성을 대신해서 군수품 공장과 여러 분야에서 일을 하지 않으면 안 되었다. 이때 유행을 탄 머리 형태가 뒷머리는 짧고 직선적인 브런트 커트(blunt cut)를 하고 앞머리는 일직선상으로 짧게 내리는 보브 스타일(bob style)로 본래는 네델란드인들의 전통적 머리 형태이다. 보브가 처음 나타난 것은 20세기 초반인 1910년대이다. 전후 직장을 가진 여성들이 나타남에 따라 남녀 평등 사상이 나타나게 되어 남성과 똑같이 짧은 머리를 하게 된 것이다. 보브 스타일은 기능주의의 영향으로 단순함과 기능성을 추구하던 20세기 초의 시대 상황과 댄스 붐, 그리고 1차 대전 후 직업을 가진 여성들의 수가 늘어남에 따른 여성 해방 운동의 영향으로 나타난 머리 형태였다.

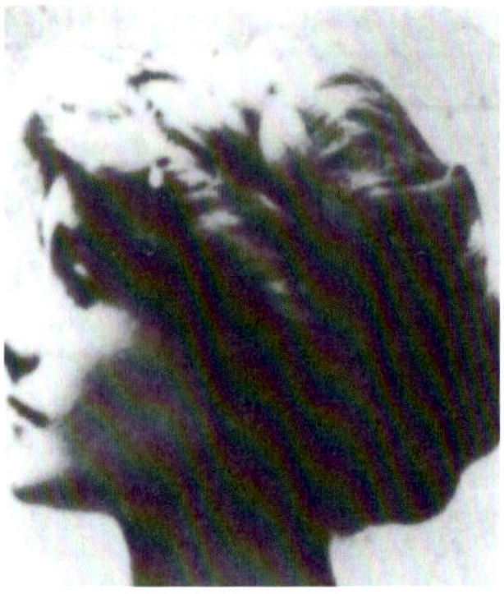

(3) 1920년대

1920년대의 획기적인 소년같은 여성 이미지의 보이시 스타일의 의상은 쇼트 커트형의 보브 스타일(bob style)과 그 유행을 같이 하였다. 싱글, 이튼 크롭, 보이시 보브는 비슷한 형의 쇼트 커트에 대한 별칭이다. 여성들이 이 머리를 하게 된 것은 그만큼 여성들의 힘이 커졌다는 것을 의미한다. 재미있는 일은 1920년대에 쇼트 커트가 유행을 하면서 미용실이 거의 문을 닫을 지경이 되고 이용실이 무척 홍했다는 것이다. 마셀 웨이브(marcel wave)가 일반적으로 사용되어 짧은 머리를 곱슬거리게 컬을 했다. 이런 머리 형태가 유행됨으로써 5㎝ 정도의 작은 핀을 제외한 다른 핀은 거의 없어지게 되었다.

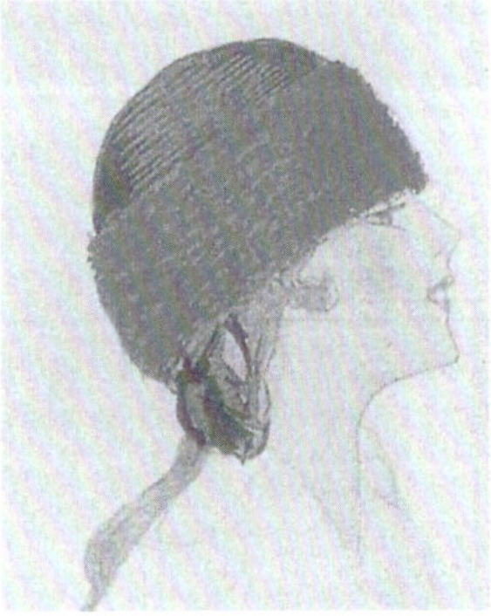

(4) 1930년대

1929년에 있었던 뉴욕 주식시장의 대폭락으로 세계적인 경제 공황이 시작되었다.

1930년대가 되어 경제 공황이 되자 의상은 로맨틱하게 되고 머리 형태도 부드러운 퍼머넌트 웨이브 스타일이 유행하여 성숙한 여성상이 인기를 끌었다. 1930년대에는 가르마를 한복판이나 옆으로 하고 커다란 웨이브를 만들어서 귀 밑으로 한 개의 롤을 만들거나 시뇽으로 만드는 것이 시작되었다.

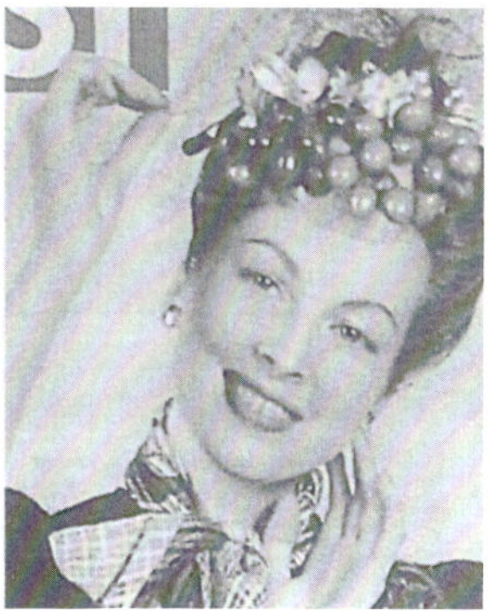

(5) 1940년대

1939년에 시작된 제2차 세계 대전이 1945년에 끝날 때까지 세계의 문화는 거의 정지 상태인데 1939년부터 1945년까지의 제2차 대전 시기에는 30년대 유행을 그대로 따랐으나 전쟁으로 인해 머리형태는 간소했고, 모자는 머리 보호용으로 , 장식용이 아니었다. 머리 형태도 스타일보다는 위생면과 실용면에 치중했다. 전쟁이 끝난 후 디오르(Christian Dior)의 뉴 룩(new look)은 머리에서 발끝까지 패션을 바꾸어 놓았고 머리도 되도록 작게 보이도록 했다. 머리 형태는 두상에 딱 달라붙는 시뇽 형태였고, 모자는 작은 필박스(pill box)나 베레모가 유행하였다. 이때 유행한 머리 형태는 퐁파두르인데 1900년대에 유행한 것과는 달리 긴 머리가 아닌 어깨 길이의 머리로 앞머리는 티징을 넣어 위로 빗고, 핀을 꽂았으며, 안에 패딩을 하지 않았다. 1949년 가장 극단적인 커트는 매우 짧은 머리카락이 귀의 앞쪽으로 빗겨지고 이마에서 불규칙한 모양을 한 픽시 커트(pixie cut)였다.

(6) 1950년대

스커트의 길이가 무릎을 덮을 정도로 짧아짐에 따라서 머리는 꼭 붙게 시뇽을 하거나 머리카락을 약 4㎝ 길이로 똑같이 잘라서 느슨하게 컬을 한 푸들 컷(poodle cut), 오드리 헵번의 짧은 머리 모양 (픽시 커트)과 불규칙한 앞머리와 짧은 커트가 유행했다.

(7) 1960년대

1960년대 들어 케네디 대통령은 '새로운 개척 정신' 이란 구호 아래 청년 평화 봉사단을 세계로 파견했다. 1960년대 여성들은 머리를 과도하게 부풀리는 형인 부판트(bouffant)를 좋아했는데, 60년대 초에 필박스(pill box)와 장갑을 애용한 재키 케네디(Jackie Kennedy)의 스타일을 많은 여성이 모방했다. 긴 머리가 백 코밍(back coming)이 되어 뒤로 넘겨진 것을 비히브(beehive)라고 했다. 60년대에는 헤어피스와 가발이 많이 사용되었다. 모발은 점점 더 장식적이 되어 염색과 탈색 기술이 점차 증진되었고, 공개적으로 할 수 있게 되었으며, 좀 더 미묘한 색상도 나타낼 수 있게 되었다. 염색은 몰래 하는 일이 아니게 되었으며, 패션의 또 다른 일면이 되게 되었다. 헤어 스프레이를 사용해 머리를 고정했으며, 크게 부풀려진 머리형 때문에 모자는 인기가 적어졌다.

그 후 1970년대 초반에 가면 콘로(cornrow)라는 헤어 스타일이 나타난다. 이것은 단순히 머리를 두상에 붙여 땋아 묶는 것 뿐만이 아니라 땋은 머리를 원으로 만들어 늘어뜨린다든지 소용돌이처럼 휘어 마는 등 스타일에 많은 다양성이 나타났다.

(8) 1970년대

1960년대의 항의와 폭력은 70년대에 이르러 질서가 회복되었다. 1970년대 초 '자연으로 돌아가자' 는 운동과 함께 잘 꾸며진 머리는 유행에 뒤진 것으로 여겼다. 후반에는 펑크가 나타나 무시무시한 형태의 머리 모양이 서구에 의한 헤어 패션으로 등장하게 되었다.

(9) 1980년대

조지나 호웰(Georgina Howell)은 '활동의 시대, 삶에 대한 의무와 책임, 신분 상징, 부의 축적에 대한 관심, 육체에 대한 숭배, 쾌락주의와 향락주의, 개인주의, 무관심, 디자이너 브랜드의 상표 충성, 헬스 및 미용에 의한 자기 관리, 패스트푸드 음식' 등으로 보았다. 1980년대 가장 특징적인 머리 형태는 펑크 스타일(punk Style)이다. 1970년대 후반 영국의 젊은이들이 불황으로 인해 암울해진 미래와 자신들에게 관심을 가지지 않는 사회에 대한 반항으로 혐오스러운 복장과 함께 머리를 괴상한 모양으로 자른다거나 갖가지 색으로 염색을 하고 다닌 것에서 유래되는 것으로 1980년대 들어 유행하게 되었다. 또한 영국 찰스 황태자와 다이애나비의 결혼식으로 다이애너비의 커트가 폭발적으로 유행했다.

(10) 1990년대

전체 머리를 땋은 아프로 브레이드 형식의 머리, 타이트한 웨이브 머리 등이 유행하였고 에디오피아형의 모자나 두건이 유행하였다.

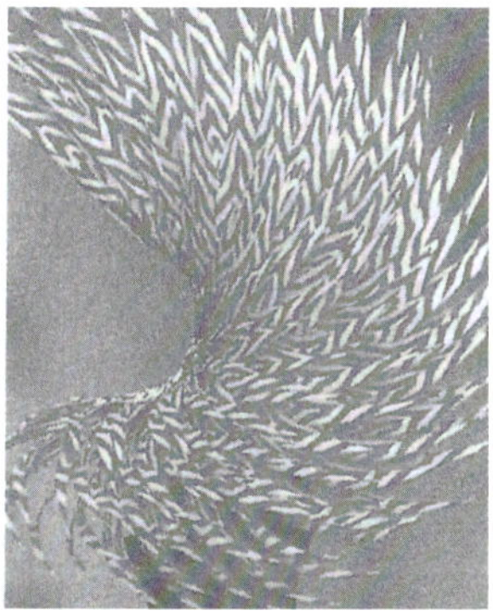

(11) 2000년대

미용 기술의 발달과 디자인의 다양화, 과학적인 접근에 의한 업 스타일의 시술 방법이 체계화되었다. 동서양의 화해 무드가 행해짐에 따라 머리 색상도 다양해지고 예술적으로도 창의력이 풍부해져 고대부터 현재까지의 모든 스타일을 총 망라한 예술적 표현의 업 스타일이 창작되고 있다.

2. 우리나라

(1) 1900년대

우리나라 여성들이 신문명에 의해 미용에 눈을 뜨게 된 것은 경술국치 이후로 일본이나 중국 등 외국 각지를 순방하거나 공부하고 돌아온 신여성 등세 의해 발전이 이루어졌다. 이러한 새로운 패션의 변화에 여성의 미용을 위한 전문 미용실이 등장하였는데, 1920년 8월 13일자 신문(신문 명 미상)의 광고란에 "'얼굴 곱게 하는 곳' 통지만 하시면 설명서를 거져 보냄. 경성 운미동 87번지 -경성 미용원-"이라는 광고는 미용실의 존재를 알리고 있는 우리나라 최초의 미용 광고였다.

일본 여성들이 우리나라에 물려들자 진고개에 일본인이 경영하는 미용실이 6군데였고, 세트(set)와 아이론을 미용실에서 하기 시작했다.

개화기였지만 전통 국가의 테두리였기에 어

여머리, 큰머리의 궁중머리는 그대로였다.

처녀들은 앞가르마를 타서 붉은 댕기로 땋은 머리를 뒤로 내린 댕기머리였고, 부녀자들은 기호를 중심으로 매끄럽게 빗어서 땋아 쪽을 진 쪽진머리와 남자들의 단발이 실시되었으며, 1900년대에 우리나라에 들어온 서양 여성들은 주로 외국 공관의 외교관 부인들이거나 선교사들이었는데, 그녀들은 양장 차림에 팜프도어 스타일의 머리를 하였다.

(2) 1930년대

1933년 3월 초순경에 일본에서 영화배우를 했던 우리나라 최초의 미용사 오엽주가 일본에서 미용 공부를 하고 돌아와 화신 백화점 안에 화신 미용실을 경영하였다. 우리나라 여성이 경영하는 미용실이 화신 미용실 하나였으므로 장안의 화제가 되었고, 여성들의 사회참여가 활발해지면서 미용사라는 직업이 생기게 되었다.

1930년대 퍼머넌트 웨이브가 우리나라에 처음 소개되었는데, 당시의 퍼머넌트 웨이브 값은 쌀 두가마니로 비쌌다고 한다. 우리나라에서는 웨이브를 만들기 위해 처음에는 아이론을 사용하였다. 화력을 이용한 아이론으로 만든 웨이브는 모발을 감으면 없어질 뿐더러 모발이 많이 상하는 단점이 있었으나, 구미에서 수입된 퍼머넌트 기구는 한 번에 두발 전체에 웨이브를 만드는 편리한 점이 있었다. 이 퍼머넌트 기구는 숯불이나 전열을 사용하는 전기 퍼머넌트로 히트 퍼머넌트라고도 하는데, 열을 이용하여 웨이브를 만드는 것으로 이 때문에 두피에 화상을 입을 위험성도 있었으나 전기 퍼머넌트 웨이브를 계속하였다.

퍼머넌트 웨이브뿐만 아니라 마사지, 모발 염색, 매니큐어까지 했으며, 고객은 주로 기생들이었고 신여성, 영화배우, 연극단 배우들도 주요 고객이었다.

(3) 1940년대

광복 후에는 주로 전기 퍼머넌트 웨이브를 하여 이북의 화력발전소에서 전기를 전국에 공급해 주었으나, 이를 중단하자 볼 퍼머넌트 웨이브를 개발하였다. 지금의 번개탄과 비슷한 것으로 손가락 크기만한 연료를 가봉이라 했는데, 그 가봉에 불을 붙여 퍼머넌트 집게의 양쪽에 두 개씩 네 개를 넣어 은박지를 대고 머리에 말아서 퍼머넌트 웨이브를 하였다.

당시 미용업을 한 여성들의 대부분은 신여성이거나 관리직의 부인들이었다. 그 대표적인 여성으로 이정녀, 김춘자, 박계국 등을 들 수 있으며, 일찍이 여성운동에 참여하였다.

임춘식은 일본강점기 일본의 야마노 아이코 미용학교에서 유학을 하고 돌아온 후 당시 최신식 미용실이던 평양의 화신 미용실에서 지점장을 지냈다.

또한 미용실만 경영하던 업주들이 미용업의 권익 보호와 친목을 위하여 각 시 · 도 단위로 조합 형식의 조직을 자율적으로 구성하였다. 제일 먼저 서울시가 조직을 구성하였고 부산, 대구, 경기도가 때를 같이하여 미용조합연합회를 구성하였다. 그 당시 서울시는 종로구, 중구, 서대문구, 마포구, 성동구, 성북구, 동대문구, 영등포구, 용산구의 9개 구로 나누어져 있었으며 미용실 숫자는 성동구와 동대문구에 각각 12개, 종로구와 중구에 각각 20개가 있어서 서울시 전체에 150개 정도의 미용실이 있었다.

제일 먼저 미용학원을 개설한 사람은 오엽주이었고, 임형선이 예림 미용학원, 권정희가 정화 고등기술학교를 설립하여 많은 미용인을 배출하였다. 미용실을 개설하려면 학원 졸업증을 제시해야만 했기 때문에 미용학원이 계속해서 많이 생겨났다.

1947년에는 미용사 자격시험 준비 위원회를 구성하여 준비위원으로 김춘자, 이정녀, 장소분, 신숙자, 최유리, 조용안, 김상진 등 7명을 위촉하였다. 시험 과목은 이론 시험으로는 환경위생 중 주로 소독법에 관한 것이었고, 실기로는 핑거 웨이브, 세트, 퍼머넌트 웨이브였다.

시험 관리는 서울시 위생과에서 하였다. 1948년 10월 1일 서울 시청에서 서울시 제1회 미용사 자격시험 합격자 발표를 하였고, 준비 위원들도 다같이 시험을 봐서 합격을 하였다. 그 후부터 미용실을 개설하려면 자격시험 합격증이 있어야만 하였다

(4) 1950년대

1950년대 중반 퍼머넌트 웨이브의 유행이 계속되어 여전히 볼 퍼머넌트 웨이브를 하였으나 한편에서는 콜드 퍼머넌트 액이 새로 들어와 전기나 가봉을 하던 퍼머넌트 웨이브가 점점 사라지게 되엇다.(나윤영, 2001:28)

여성들은 여전히 아이론을 선호하였는데 미용실에서 연탄불에 아이론을 넣어 머리를 하였기 때문에 연탄불로 두통을 호소하는 미용사들이 많았다. 그 후 프로판가스가 나오자 연탄 냄새는 사라지게 되었으나, 1960년대 말까지 동네의 작은 미용실에서는 계속 연탄불을 사용하는 실정이었다.

여성들의 사회 참여가 많아지면서 특수층과 부유층이 주요 손님이었던 미용실이 대중

화되어 1950년대 후반에는 미용이 생활의 일부로 인식되면서 일반 여성 고객도 많아지고 미용실도 늘어났으나, 미용 기구나 재료들이 잘 구비되어 있지 않았다. 퍼머넌트 웨이브를 할 때 신문지나 노트를 잘라서 미용 전문 종이 대신으로 이용하였고, 바느질 가위로 커트를 하였으며, 연탄불로 아이론을 하였다. 가봉 퍼머넌트 웨이브를 할 때 가봉 가루가 떨어져서 손은 물론 얼굴이며 몸통이 새까맣게 되었고, 미용 기술을 연습할 만한 기구가 전혀 없어서 미용사 초보자들은 손님의 머리를 태우기가 일쑤였다.

1950년대 후반에 가서야 콜드 퍼머넌트와 토닉 퍼머넌트 등 1회용 퍼머넌트 액이 처음으로 판매되었다.

1950년대를 거치면서 헤어 스타일이 다양해 짐에 따라 미용사들의 활동은 더욱 활발해지면서 1954년 미용 업주들은 조직을 구성하여 정기 총회를 가졌고, 1957년에는 전국의 미용조합연합회를 총망라하여 대한미용총연합회를 발족시켰다. 1950년대 미용실은 작게는 10평에서 크게는 40평~50평 정도까지 다양했는데 동네 여성들이 얘기 등을 함께 나누는 장소로 자주 찾으면서 미용실이 대중화되는 계기가 되었다.

(5) 1960년대

미용인들의 모임인 대한 미용사회는 5 · 16 군사혁명 후 위생 관련 업체를 모두 해체시켜 하나로 만든 사단법인 대한 환경위생협회의 미용 분과로 발족되었다. 그러나 서로 성격이 다른 환경위생협회를 통합하여 여러 가지 모순점이 드러났으므로 1965년 10월 대한미용사회를 다시 창립, 1966년 3월에 보사부로부터 사단법인 인가를 받았다.

이 · 미용사법은 1961년 12월 5일에 공표되었는데, 이 법이 나오기 전에는 일본강점기 총독부령 환경위생법을 그대로 사용하였다. 광복이 되고 독립된 국가를 가졌으면서도 일본강점기의 잔재인 환경위생법을 그대로 둘 수 없다고 당시 미용사회의 박계구, 김춘자, 이정녀 등이 보사부에 건의하여 우리 실정에 만는 환경위생법으로 만든 것이 바로 이 · 미용사법이다. 1965년 이전에는 자격시험을 본 면허 소지자가 아니면 이 · 미용업을 개설할 수 없었는데, 1965년부터 그 규정이 무시되고 자격증을 가진 미용사만 고용하면 미용실을 개설할 수 있게 되었다. 그러다 보니 미용실이 너무 많아지는 결과를 초래했다.

(6) 1970년대

1970년대에는 생활 양식이 복잡해 지고 여성들의 활동 영역이 다양해 짐에 따라 자연스러우면서도 간결한 헤어 스타일이 여성들 사이에서 받아들여졌다. 지금까지의 아이론과 세트에 의한 웨이브 구성이 서서히 사라지고 블로 드라이란 새로운 기구를 사용한 웨이브 스타일이 나왔는데, 처음으로 우리나라에 소개한 사람은 재미교포 미용인 홍계남이었다. 이 스타일이 소개되자마자 각 미용실에서는 이 새로운 기구에 의한 기법의 스타일을 배워서 손님들에게 보급하면서 블로 드라이 스타일이 유행하였다.

한편 우리나라 미용계도 국제 무대로 진출하기 위해 노력으로 1970년대 초 당시 대한미용사회 회장이던 김경애는 미국 뉴욕 I.B.S(international beauty show) 주최 측과 한국 대표팀의 대회 참가를 교섭한 후 참가 결과 1972년 최수자가 그 대회에 입상하였다. 뒤이어 1973년에는 김연우와 송금자가 뉴욕 I.B.S 대회에서 입상하고 돌아옴으로써 한국의 미용기술을 국제 무대에 처음 선보였고, 기술을 인정받았다. 그 후 매년 뉴욕 I.B.S 대회에 내보내기 위한 선수 선발 대회를 국내에서 개최하였고, 이를 계기로 미용인들의 기술 향상 의욕을 자극하는 촉진제가 되었다.

1974년에는 우리나라 미용계 최초의 미용 종합지 월간 《월간 현대 미용》이 김창석에 의해 발간되었다. 그리고 1979년에는 콘케이브 커트(concave cut)라고 불린 이 커트가 미용연구가 강현숙이 낸 우리나라 최초의 헤어 창작집에서 소개되었다.

(7) 1980년대

1980년대는 커트와 퍼머넌트 웨이브의 디자인이 다양해졌고, 새 질감 요구에 부응하는 최신 미용기구가 많이 나왔으며, 헤어 무스(hair mousse), 젤(hair gel), 스프레이(hair spray) 등의 헤어 스타일링(hair styling) 제품이 보급되어 이를 사용하여 헤어 스타일을 연출하였다. 1983년에는 대한 미용사회에서 《미용 회보》를 발간하여 국내외 미용 정보를 파악 할 수 있도록 하였고, 미용사는 예술가라는 긍지를 갖게 하였다. 또한 미용이라는 직업이 새로운 감각성, 창의성 및 부단한 연구 노력이 요구되는 선구적인 직업 의식을 심어주는데 커다란 역할을 하였다.

우리나라는 1982년 세계미용연맹인 C.I.C(confederation international de lacoiffure)와 O.A.I(organization artistique international de la coiffure)에 정식 회원국으로 가입하여 36개 회원국의 일원이 됨으로서 국제 기구의 회원국만이 참가하고 2년마다 한 번씩 개최국

이 바뀌며 열리는 월드 챔피언십 대회에 참가할 수 있게 되었다.

1980년대 중반 해외여행이 상당히 자유화되면서 많은 미용인들이 국제 대회나 헤어 쇼(hair show)에 참가하였고, 세계 유명 미용인들의 학교인 영국의 바달사순과 알란 인터내셔널, 이탈리아 미용인인 토니와 가이, 미국의 피봇 포인트 등에서 미용 연수를 하고 돌아왔다.

세계 미용인들의 새로운 헤어 컬렉션(hair collection)을 본 우리나라 미용인들은 이러한 헤어 스타일을 고객들에게 보급해 세계 유행을 빠르게 따라갔다. 바야흐로 미용의 국제화 시대에 접어든 것이다

1986년은 우리나라 미용계에 활력을 불어넣고 미용의 국제화에 박차를 가한 해로 외국의 유명 헤어 디자이너인 알렉산더 드 파리(Alexander de paris), 지지 간디나(Gigi Gaddi)와 같은 사람들이 국내에 와서 세미나를 함으로써 그들의 작품이 우리나라 미용계에 영향을 주자 국내의 각 TV와 신문 문화면에서도 토털 패션(total fashion) 중에서 미용이 차지하는 비중이 커지게 되었다.

또한 그간의 미용실 난립으로 전문 미용인이 미용실을 개설하거나 미용인의 인권을 보호할 수 있다 하여 1986년에 이 · 미용사법이 폐지되고 공중위생법이 제정 · 공포되면서 한국산업인력관리공단에서 국가 기술자격증 제도로 2급 '기능사' 자격증을 취득 후 시 · 군 · 구에서 면허증을 발급, 미용사 면허증 소지자만이 개업할 수 있게 되었다.

또한 1980년대부터 헤어 스타일에 있어 모발 염색에 대한 관심이 시작되어 흰머리 염색에서 벗어나 다양한 컬러의 염색약과 다양한 기법의 염색 방법으로 개성 있는 멋내기 컬러의 헤어 스타일이 나타나기 시작했다. 80년대 말 가장 큰 변화라고 할 수 있는 것은 86년 아시안 게임과 88년 서울 올림픽 게임이라 할 수 있다. 두 번의 국제적인 행사가 미용계에 미친 영향은 매우 크다. 국제적인 스포츠 행사를 위하여 선수촌 내 미용실을 개설하여 세계 각국 선수들의 헤어 스타일을 만들어 준 계기로 미용인은 국제적인 감각을 익힌 것은 물론 국내 일반인들에게도 색다른 헤어 스타일에 대한 인식의 변화를 받아들이게 하는 계기가 되었다. 이는 국제적 발상의 전환을 한 미용인들이 한국의 미용 수준을 향상시킨 계기가 되었다.

(8) 1990년대

1990년대를 지나면서 연예인이나 모델(model)들을 중심으로 대학생이나 젊은 층 사이에서 모발 염색이 빠른 속도로 유행하였다. 불과 1~2년 사이에 (1996년부터 1997년) 몇 가지에 불과했던 색상이 30여 가지 이상의 색상으로 늘어나게 되면서 활발한 색의 대중화 시대를 맞이하게 되었고, 이러한 여성들의 모발 염색에 대한 선호는 가정용 염색약의 발

달을 가져오게 되었다.

1990년대 초에는 국내 유명 미용실에서 프랜차이즈(franchise)점(박준미장, 박승철 스튜디오, 이가자 미용실, 조앤리 헤어클럽 등)을 시작하였고, 이것이 어느 정도 궤도에 오르자 자끄데상쥬(Jacques Dessange) 등 외국의 다국적 미용 프랜차이즈점들이 들어와 미용의 국제 경쟁 시대의 막을 열었다.

1991년에는 강릉의 영동전문대학과 부산의 동주여자전문대학에서 각각 미용과와 피부관리과가 개설되어 전문 미용 인력을 매년 배출하게 되었고, 2000년에는 미용관련과가 개설된 대학이 전국에 59개가 되었으며, 4년제 정규 대학에도 미용 관련 학과가 개설되어 미용학이 드디어 학문으로도 인정받게 되었다.

1990년대 말에는 헤어 익스텐션이 유행했다. 몇 가닥 내지머리 전체에 머리카락을 실리콘(silicone)으로 붙여 색을 주는 등의 헤어 피스(hair piece)를 하나의 예술품으로까지 승화시켰다. 또한 각 대학의 사회교육원(평생교육원)의 미용산업 최고 경영자 과정 등에서 졸업작품 발표회를 가졌고, 그것을 계기로 전문대학의 졸업작품 발표회까지 이어지면서 졸업작품 발표회 및 각종 헤어 쇼로까지 발전되었다.

비달 사순, 융게라스 등 세계적인 미용사들이 한국에 와서 컬렉션을 가졌고, 1998년 헤어 월드 챔피언십(hair world championship)을 서울에서 개회하여 우리나라 미용인들이 전 세계의 흐름을 쉽게 접할 수 있게 되었다. 동 대회인 '98 헤어월드 챔피언십 서울대회' 에서 국내 입상자로는 엘리자리(본명 이금연), 김동분, 이복자 등이 상위권에 입상하여 우리나라 미용의 위상을 높이는데 공헌하였다.

(9) 2000년 이후

국내 미용산업은 1970~1980년대를 기점으로 빠른 성장세를 보였고, 1990년대에 이르러 서서히 성숙 단계로 접어 들었다. 1980년대를 기점으로 빠른 성장세를 보였고 1990년대에는 컬러시장의 확대로 급격한 시장 확대가 이뤄진 것이 특징이다.

2000년대에 들어서면서 이미 포화 상태에 이른 미용 시장과 경기 침체로 인해 줄어든 수익성은 웰빙 트렌드와 맞물리며 클리닉에 대한 관심 증가로 이어졌다.

지금은 건강한 두피에서 건강한 모발이 자라는 만큼 두피 관리의 중요성이 높아져가고 있다. 여성들의 헤어 케어에 대한 관심은 미용실의 트렌드를 바꿔 놓았다. 예전에는 단순히 커트나 퍼머넌트, 컬러링 등의 스타일링을 전담하던 미용실이 살롱의 개념으로 바뀌었고, 샴푸와 린스 등 헤어 제품들이 진열되기 시작하였다.

이러한 배경 속에서 코스메틱 브랜드에서는 헤어 제품의 황금기라 할 수 있을 만큼 각양각색의 헤어 케어 제품들을 출시하고 있다. 손상된 모발, 염색 모발, 비듬이 잘 생기는 두피, 정전기가 잘 나는 모발 등 구체적으로 세분화한 제품이나 두피 마사지를 할 때 사용한 마사지 크림 등이 출시되었다. 또한 자극이 적은 크림 타입의 샴푸에 과일 향을 첨가하는 등 헤어 전문 제품들은 냄새가 강하다는 고정관념을 깼다. 그리고 2000년대 이후 헤어숍이 늘어나게 되었으며, 미용실 내부 인테리어도 고급화, 대형화되는 추세가 되었다. 또한 2000년대 이후 대형 헤어숍과 소형 헤어쇼의 양극화 현상이 뚜렷해져 헤어 쇼의 매출까지도 부익부 빈익빈 현상이 나타났으며, 카드사와 기업과의 전략적 제휴로 인한 매출 증대 방안이 경영의 필수 요소로 작용하여 네트워크에 의한 경영의 필요성이 대두되고 있다.

3. 업 스타일의 발상

1) 발상의 정의

발상(發想)이란 '어떠한 생각을 이끌어내고 이루려고 하는 것' 이라는 사전적 의미와 창의적 아이디어를 생각해 내는 예술적인 표현 활동이라고 정의할 수 있다.

업 스타일의 발상은 주어진 조건(모델, 재료 등)에 어떠한 형태를 어떠한 방법으로 디자인을 행할 것인가에 대한 전단계 과정이라 할 수 있을 것이다.

업 스타일에서 발상은 디자인 활동의 주체가 되는 디자이너가 완성될 형태의 표현 의지를 바탕으로 창의적인 아이디어를 내고 주어진 환경, 즉 모델과 모질, 재료 등에 따라 작품을 구상하고 진행 과정을 거쳐 완성하는 의도적인 이미지 개선을 위한 과정일 수도 있을 것이다. 모든 디자인이 그러하겠지만, 헤어 디자인 중에서 특히 업 스타일의 경우 소재의 제한성이 크게 나타나기 때문에 다양해진 소비자의 욕구와 전문화에 근접한 소비자의 상식이 좀 더 고급스럽고 경제적인 결과를 기대하고 있다는 것에서 문제점을 찾을 수 있다.

따라서 소비 고객을 만족시킬 수 있는 상황으로 방안을 구체화해야 하는데, 이것은 주어진 환경 속에서 어떠한 스타일을 완성할 수 있는냐 하는 능력에 관여하고 있다.

이러한 능력을 보유하고 있거나 또는 구체화시킬 수 있는 디자이너라면 독창적인 발상을 통한 진행 과정에는 그다지 어려움이 따르지 않는다. 그러나 그렇지 못하다거나 능력이 부족하다고 생각되는 디자이너는 독창성(originality)과 창작성(creativity)을 개발하기 위해서 기존에 소유했거나 생각하고 있는 것을 무시하고서라도 새로운 발상을 토대로 개선하려는 의지와 약속이 있어야 한다. 이것은 구체적인 디자인을 재구성하려는 창의적인 발상을 중요하게 생각해야 한다는 것이다.

헤어 디자이너의 입장에서 보면 새로운 것을 창조해 내려는 것까지는 감수하지 않아도 새롭거나 예전에 몰랐던 디자인을 답습하거나 또는 응용하여 나의 것으로 소유할 수 있는 능력 배양은 물론, 유행하는 디자인에서 새로운 독창적 디자인 활동으로 연결시킬 수 있도록 총체적인 능력 향상을 꾀해야 한다.

현대는 정보화 시대라 하며, 정보라는 단어에는 컴퓨터가 일반적으로 떠오르게 된다. 정보는 컴퓨터가 없으면 공유할 수 없는 것으로 인식되었으나, 컴퓨터는 인간이 소유하고 있는 독창성과 창의성에는 미치지 않는 단순한 기능을 보유하고 있을 뿐이다. 일반적인 정보는 컴퓨터 속에서 공유한다고 하여도 헤어 디자인의 일부라도 컴퓨터가 해결할 수는 없다. 발상이라고 하는 것은 오직 인간만이 할 수 있는 창조적인 생산 활동의 초석이다.

이러한 발상은 연속적인 사고 과정에서 더욱 빠르게 떠올릴 수 있다. 헤어 디자이너는 자신이 디자인을 실행하거나 또는 타인이 실행하는 과정을 봄으로써 다양한 이미지를 생각하고 떠올려 그것이 디자인의 근원이 될 것이다 라고 여길 것이다. 이때 무엇인가 새로운 감각을 얻게 되는 것이 창조적인 활동의 밑거름이 되는 발상이 되는데, 이로써 천천히 혹은 갑작스럽게 자신의 능력 변화를 경험하게 될 것이다. 그러나 이러한 창조적인 발상도 영감과 느낌만으로 경험하게 된다면 그것은 단지 생각에 지나지 않는다. 다시 말하면 아무리 좋은 생각도 실행에 옮기지 못함으로 인해 무용지물이 된다. 따라서 떠오른 발상에서 새로운 것을 얻기 위한 지속적인 연습 활동만이 발상을 영위하고 기능적 능력 향상으로 연결되는 역할을 담당하게 될 것이다. 또한 이미 떠오른 발상을 어떠한 조건하에서도 디자인에 응용할 수 있도록 완벽하게 익혀질 때까지 반복적인 실습을 행하거나 떠오른 발상과 조건이 적합하지 않을 경우를 생각해서 수많은 임상실험을 해야 한다.

여기에서 발상의 정의에는 단순한 디자인 능력의 창조성만이 아니라 업 스타일을 디자인하는 과정에서 사용되는 액세서리, 장신구, 기구 등과 모델의 메이크업, 의상 등도 디자인 발상에 포함되어야 한다.

2) 발상의 조건

업 스타일을 실행하기 위한 발상의 조건에는 주어진 조건을 전혀 무시할 수는 없다. 이는 아무리 좋은 아이디어라 해도 주어진 조건에 부합되지 않는 발상은 의미가 없기 때문이다. 전혀 경험하지 않은 디자인 방법이거나 또는 한 번도 시도한 바 없는 디자인에 대한 도전만이 새로운 창조적인 발상을 유발하는 것은 아니다. 다른 디자이너에 의해서 이미 발표가 되었거나 또는 그 이전에 행한 디자인에서 유용하게 비춰질 새로운 디자인이 재결합되어질 때도 창조적인 발상이라고 할 수 있다. 그렇기 때문에 스타일이 좋거나 아니면 그 스타일을 통해서 또 다른 스타일을 경험해 보고자 할 때 이미 발표된 디자인이나 새로운 디자인을 따라 해봄으로써 새로운 발상을 걷을 수도 있는 것이다.

그러나 발상의 조건에는 주어진 조건에서 그치는 것이 아니라 주어진 조건을 유용하게 생산 활동으로 전개할 수 있도록 하는 또 다른 조건이 따른다.

(1) 밸런스(Balance)

업 스타일의 디자인에서 밸런스는 모발의 색상과 피부의 색상, 그리고 의상과 액세서리 등의 색채학적인 밸런스와 완성된 형의 밸런스, 모델의 신체적인 조건에서의 밸런스 또는 두상에서 하나 이상의 형태를 이루었다면 구성되어진 형의 크기와 모양에 따른 밸런스를 들 수 있다. 여기에서 밸런스의 예를 들어보자.

① 색체학적 밸런스

의상, 피부, 모발의 색, 액세서리 등의 색상을 주의 깊게 관찰해야 한다. 색채의 성질에서 중량감, 온도감, 진출색과 위축색, 보색관계 등을 고찰하여 디자인 활농에 양호한 결과가 나타날 수 있도록 하여야 한다. 예를 들어 의상과 메이크업, 그리고 액세서리에 있어서 컬러는 매우 민감하게 작용한다.

② 형(Form)의 밸런스

동양인의 경우 서양인에 비하여 비교적 두상이 크고 신체적인 조건에서도 서양인에 비하여 업 스타일의 조건이 뒤지는 게 사실이다. 그렇기 때문에 두상의 전체적인 크기나 형태에 적합한 디자인을 하지 않았을 경우 밸런스가 맞지 않아 디자인의 가치가 저하되는 요인으로 작용한다. 일반적인 동양인의 두상에서 작은 형을 이루어 디자인을 완성하였다면 조화로운 디자인이라고 할 수 없다. 또한 모델의 두상에서 두 개의 형을 이루어 디자인된 결과에서 형의 위치나 크기가 다르다면 이 또한 불안정한 디자인이 된다. 따라서 디자인의 형과 위치에서 전체적인 모델의 신체적 조건과 조화로움을 이룰 수 있도록 완성해야 한다.

(2) 중량감(Weighty)

어떠한 물체이든 중량감이 존재한다. 중량감은 안정감과 불안정으로 나타나게 되는데 후자의 경우 두상의 상단부에 형이 위치해 있거나 고정력이 확실치 않을 때 언제든 스타일이 해체될 수 있는 요인이 나타나고, 전자의 경우는 목선에서 형을 이루고 고정력이 월등할 때 이로 인한 중량감이 안정적이다.

또, 무리한 디자인으로 모델의 정수리 부분에 많은 볼륨과 보조물 사용으로 크게 디자인 되었다면, 모델의 조건에서 무게감이 상단부에 위치하고 있어서 불안정한 요인이 된다.

(3) 구조(Structure)

구조라 하는 것은 전체적인 조건과의 부합으로 두상, 신체적인 조건, 헤어 컬러 등과 디자인의 결과에서 나타나는 웨이브, 형태, 크기 등의 전반적인 내용을 일컫는다. 모델의 두상이 원형인 사각형인지, 삼각형 또는 장방형 등의 요인을 분석하고 두상의 크기 등도 관찰해야 한다.

① 두상

모델의 두상에서 일정치 않은 이상 현상이 발견되면 디자이너의 미용 기술로 대처할 수 있을 것이다. 이것은 디자이너의 능력에 따라서 백 콤이나 웨이브 처리 등으로 대응 방안이 모색되어야 할 것이다.

② 신체적인 조건

모델의 신장에 적절한 디자인을 제시해야 한다.

③ 헤어 컬러

모류를 표현하기 위해서는 컬러가 중요한 역할을 담당하는 색채학 원론을 무시한 처리로 실행되었다면 전체적인 구조와 다른 결과가 나타날 수 있다.

④ 결(Texture)

모류의 흐름을 강조하는 최후의 방법으로 컬러의 영향만이 아니라 스트랜드 간의 웨이브와 직모 등으로 표현하여야 한다. 그러나 모발의 기본 색상이 어둡거나 또는 웨이브진 스트랜드의 색상이 같을 때는 결의 표현이 매우 어렵다. 그래서 모발과 모발 사이를 특별하게 색상 차이를 두게 되면 모류를 표현하고자 하는 데 있어서 양호한 결과가 나타난다.

이러한 기술은 스타일의 전체적인 조화를 나타내는 기술로도 함축되어 진다. 따라서 모류에 사용되는 색상은 색채학적 의미에서 그래듀에이션(graduation) 효과를 나타내거나 아니면 보색 관계를 포함하여 색상의 진출과 후퇴성을 감안한 연출이 필요하다.

⑤ 백콤(Back Come)

백 콤의 기술적 본질은 모발의 최 외층인 모표피를 인위적으로 뒤로 젖혀 주어 모발과 모발이 서로 엉키게 하여 흩어짐을 방지하는 데 있다. 이는 풍성한 볼륨감을 얻기 위한 것과 모발끼리의 반발에 의한 강제적인 결합력 향상이라는 전제 조건하에 진행하는 기능이다. 이러한 백 콤의 과정이 없이는 업 스타일을 완성할 수 없다. 그러나 손상 모와 건강 모의 백 콤 결과와 방법이 각각 다르며, 이에 따른 적합한 공정을 연구해야 하고 백 콤으로 인한 모발 손상도 고려해야 한다.

3) 아이디어 개발

디자인 행위를 실행하는 것은 어려우며 그것을 기술하는 일 또한 어렵다. 이것은 디자인 방법과 결과가 어떠한 공식과 순리에 대해 정의된 것이 아니라 디자이너의 습관과 창의성에서 출발하기 때문에 더욱 그러하다. 디자이너 사이에는 의견이 양립되거나 서로의 디자인 방법에 대한 부정적 입장을 고수하고 있을 수 있기 때문에 새로운 아이디어를 개발하고, 그것을 현실적인 업 스타일 디자인 방법으로 표현한다는 것은 어려운 일이다.

또, 업 스타일의 디자인에 대한 아이디어는 마치 새가 둥지를 틀듯 일련의 무의식적인 반사작용에 의한 것이라면 디자인을 위한 아이디어 개발은 아닌 것이다. 따라서 전혀 새로운 아이디어를 개발하는 데는 문제점이 있다. 그러므로 기존의 틀을 해체하지 않으면서 개량과 모방을 거듭함으로써 그 과정 중에 새로운 디자인 과정이 개발되어 제시될 수 있는 것이다. 그러기 위해서는 다음과 같은 역량을 길러야만 한다.

(1) 전문성

인류가 언제부터 헤어 디자인을 했느냐 하는 확실한 근원이 없기 때문에 대부분 5000년 전의 이집트 문화에서 전문성을 찾으려 한다. 그러나 이것은 상상으로 그치는 것이 아니라 문헌 속에서 발견된 것이다.

그 첫째 요소는, 전문성을 통한 장인적인 기술의 발견이며, 그들에 의해 정밀하게 조각되어지거나 또는 건축물의 물질적인 자원에서 찾을 수 있다. 그때나 지금이나 전문성에 관한 한 그러한 요소가 디자인의 요체(要諦)라고 생각하는 사람도 있으나, 그 시대에는 '상세하고 정밀한 고안을 통해 어떠한 제품이나 디자인을 제작했다' 라고 인정할 수는 없을 것이다. 이는 인류가 원시시절에 가까울수록 더욱 그러하다. 세월의 흐름으로 진화하면서 아주 기초적인 전문성으로 접근했을 것이라고 사료된다.

업 스타일의 전문성에 있어서도 모발만을 활용한 스타일이 아니라 각종의 재료 등을 이용하여 신분에 적합한 디자인을 이루기 위한 방편으로 행해졌으나, 수정과 실패를 거듭함으로써 완성했다는 것을 오늘의 디자이너는 알아야 한다.

여기에서 전문성에 대한 의미가 큰 것은 일반 고객의 생각과 수준에서 스타일이 완성되거나, 또는 그들의 기능 정도에서 디자인이 행해진다면 전문성에 대한 결여 때문에 디자인 결과에 대한 좋은 평가를 받을 수 없기 때문이다. 그리고 업 스타일의 디자인이 부적합하거나 어떠한 모델에게 어울리지도 않을 것이라는 상황하에서도 계속 공정을 진행하고 있는 경우가 있을 수 있다. 이러한 문제가 디자인 과정을 바라보고 있는 다른 디자이너의 생각이라면, 디자이너 간에는 서로 다른 상상력과 창의성이 존재하고 있고 진행 방법이 다르기 때문에 완성 후의 결과를 보아야 할 것이다.

디자이너가 무엇을 하려고 하고 혹은 하지 않을 것인가 하는 것은 개개인의 몫이기 때문에 기억력과 상상력에 전면적인 의지를 두어야 한다. 그러나 이러한 원인이 고객에게 발견되었다거나 혹은 그들로부터 부적합의 판정을 받았을 때는 신속한 수정을 행해야 할 것이다.

정보통신의 발달로 디자인의 일반적인 상식 정도는 고객들도 갖추고 있다. 어떤 스타일에 대한 미(美)에 대한 편견도 그들 나름대로 정의하고 있다. 통신만이 아니라 언론 매체와 월간 잡지 등에서 수많은 정보를 제공받았기 때문에 이러한 고객을 만족시키는 일이 쉬운 일만은 아니다. 그래서 이러한 고객을 만족시키는 것이 전문성을 갖추려는 주 요인이 된다.

(2) 합목적성

업 스타일은 일반적인 스타일이 아니라 한정된 공간과 시간에 쓰여지는 스타일이라는 것은 언급한 바 있고, 어떠한 스타일이 누가, 왜, 어디에서 필요로 하는지를 구체적으로 알아야 한다. 다시 말하면 혼례식과 같은 경우는 신부와 친구 또는 일가 친척이 있듯이 이들의 입장을 고려한 디자인을 해야 할 것이다.

어린아이의 백일과 돌, 그 외 우리 주변에서 행할 수 있는 각종의 행사 등이 모두 같은 상황으로 전개되고 있지는 않다. 예를 들어 업 스타일은 착용한 의상과 밀접한 관계를 지니고 있고 의상에 적합한 스타일, 스타일에 적합한 의상을 착용하여야 하기 때문에 더욱 그러하다. 이러한 문제들을 명확하게 규명하고 인식함으로써 발상의 취지에 적합하도록 하고 창의적인 디자인 활동을 전개할 수 있도록 하는 기초가 되며 또한 해결책이 된다는 결론을 얻을 수 있다.

(3) 독창성

업 스타일의 디자인을 잘하고 못하고 하는 것은 독창적인 스타일을 제시하느냐에 있기 때문에 발상의 본질은 독창적인 디자인 활동이라고 할 수 있다. 독창적인 디자인 활동도 기존에 제시된 스타일과 모든 정보 등을 활용하여 자기 나름대로 재구성의 기회를 무수히 가짐으로써, 이를 바탕으로 새로운 스타일을 개발하는 훈련이며, 이것 또한 독창적인 발상인 것이다. 그러나 업 스타일을 구사하는 디자이너는 각각의 정보 취합 정도와 능력, 재구성의 기회가 다르거나 또는 하지 않는 경우가 있어서 자기 계발 훈련 방식이 다르거나 전무한 것이 모든 디자이너가 훌륭한 업 스타일을 구사할 수 있는 디자이너로 참여할 수 없는 요인으로 작용한다. 또, 업 스타일이 흔하게 디자인되는 스타일이 아닌 원인에서도 업 스타일을 외면하는 요인을 찾을 수 있다. 그러나 독창성이 갖는 특성은 디자이너의 연구 영역과 능력, 정보의 활용 등에서 비롯되는 본질적인 속성을 지니고 있다.

(4) 심미성

어떠한 스타일이 목적에 부합되고 독창적이라고 해서 훌륭한 디자인이라고 평가하는 것은 옳지 못하다. 즉, 앞의 여러 조건과 함께 디자이너와 고객의 생각에서 스타일이나 또는 스타일을 통해서 더욱 아름다워졌다는 것을 얻기까지는 그러하다 하겠다. 그래서 스타일을 통해서 아름다움이 강조될 때 비로소 양질의 디자인으로 평가됨을 알아야 한다. 헤어 디자이너가 완성된 스타일을 더욱 아름답게 장식하려고 애쓰는 과정 중에 장신구나 액세서리 등을 사용하는 경우가 있는데, 이는 심미적 효과를 유발하려는 의도에서 행하여지는 디자인 활동이다.

그러나 디자이너에게 주어진 조건에서 아름다운 스타일을 완성하기 위한 몇 가지의 디자인을 발생한다는 것 자체가 매우 어려운 일이나, 그러한 발상이 곧 디자인의 완성에 가까운 성과라고 할 수도 있다. 발상을 떠올리려고 많은 고민을 통해서 얻은 디자인 과정과 완성에 대한 예측 능력은 고민의 횟수만큼 성장했을 것이기 때문이다. 따라서 무엇보다 심미성을 강조한 스타일을 제시하기 위한 발상을 이끌어내고 그것을 실행하는 데 필요한 재료와 방법 등을 연구하여야 할 것이다.

(5) 경제성

좋은 디자인도 경제성에 맞지 않으면 고객으로부터 외면을 당하게 된다. 경제적 요인은 시간적인 의미와 금전적인 요인으로 볼 수 있을 것이다. 시간적인 경제성은 업 스타일이 흔하게 요구하고 실행하는 스타일이 아니며, 누구나 목적 없는 상황에서 할 수 있는 것이 아니기에 한정된 시간에서 완성된 스타일이 참가한 행사가 끝날 때까지 손상되거나 흩어지지 않아야 함을 말한다. 업 스타일은 자칫 소홀하게 완성되면 적은 시간이 흐른 뒤에도 손상될 수 있는 요소가 다분하기 때문에 이러한 시간적 경제성을 감안한 디자인이 완성되어야 한다.

그리고 경제성의 원천인 가격에 관한 한, 적당하다고 생각되는 가격이 제시되지 않으면 아무리 훌륭한 디자인도 쇠퇴되어 진다. 이처럼 고객의 입장에서 경제성에 입각한 디자인이 제시되어질 때 완성된 디자인의 질적 평가는 상승하게 된다.

이와 같이 새로운 아이디어를 개발하기 위해서는 다양한 정보 등을 활용하는 것을 기초로하여 디자이너의 생각과 주변의 여건 등을 벤치마킹하여 정리하고 체계를 구축할 때 다른 디자이너와의 차별성이 이루어진다. 이렇게 구축된 차별화된 디자인 능력을 보유하고 있을 때 아이디어의 개발이요, 발상인 동시에 더 나아가서는 자기 자신의 부가가치를 높이는 결과를 낳게 되는 것이다.

4) 아이디어의 적용

업 스타일 디자인에서 고객의 욕구를 파악하고 구체화된 아이디어를 어떠한 형태로 완성하려는가를 아이디어의 적용 단계라 할 수 있다. 업 스타일의 특징은 모든 헤어 디자인이 그렇겠지만, 대상이나 조건을 예측할 수 없고 특정 지울 수 없는 환경이 조성되어 있어서 새로운 발상을 통해 얻어진 것이라 해도 적용 범위와 상대에 대한 예행연습이 필연적으로 따라야 한다.

(1) 대상 선정

디자인 발상에서 취한 방법 등을 실행에 옮기기 위해서는 가장 먼저 대상의 선정이 선행되어야 한다. 여기에서 업 스타일을 디자인하려는 대상에 있어서는 인간 사회를 구성하는 모든 구성원 중에서 영아와 일부 노년층, 그리고 남성들을 제외하면 모든 사회 구성원이 그 대상이 될 수 있다. 이러한 구성원은 너무 막연하고 광범위하여 적용 대상을 정하는 것이 어려운 일이다. 그래서 세분화된 대상을 정리하여야 한다.

즉, 10대와 20대, 30대와 40대, 50대 이상과 같은 연령별 분류 등으로 세분화하거나 혼례와 가족 행사 또는 민간 단체의 행사 등으로 영역별 세분화할 수 있다. 또한 고객의 조건하에서, 예를 들어 머리 길이에 따른 세분화, 신체적 조건에서의 세분화를 나누어 대상을 선정하는 경우도 있을 수 있다. 이러한 것들은 모두 디자이너가 디자인 활동을 원활하게 진행할 수 있도록 하기 위한 것이기에 투명한 방법으로 진행되어야 할 것이고, 아이디어 발상에서 구한 디자인이 충분하게 활용될 수 있도록 해야 한다.

(2) 정보 수집 및 분석

선정한 대상에 대한 정보 수집 및 분석, 그리고 디자이너 자신이 구사할 수 있는 디자인 발상과 능력 등을 사고하고 접목시킬 수 있는 것을 말한다. 분석 요령은 모발의 조건 등과 스타일이 쓰여지는 상황과 환경, 그리고 디자이너가 충분히 디자인을 완성할 수 있는 여건을 갖추었는지에 대한 것이다. 아이디어를 적용시키려는 의욕만으로도 기존에 존재하는 스타일과 기능 등을 응용해 보려는 욕구가 따랐을 것이며, 아무런 사전 준비가 되지 않은 상태에서 하려고 하지는 않을 것이다. 만약 이러한 준비가 되지 않은 디자이너가 디자인을 계획하고 있다면, 디자이너 자신의 결정으로 디자인을 중지하는 것이 나을 것이다. 또, 업 스타일 자체가 디자이너 모두가 쉽게 평가하고 생각하는 가벼운 기능이 아니라는 것을 알아야 한다. 따라서 대상의 정보 수집 능력이 수반되어야 하며, 이 단계에서 세심한 관찰력 등으로 디자인의 기초가 될 수 있도록 이끌어야 한다.

(3) 구상

대상을 선정하고 선행된 정보 속에서 창의적인 디자인 발상을 하였다면, 어떠한 스타일을 연출할 수 있는 기능 등으로 구체적 표현을 하는 단계를 말한다. 업 스타일 디자인의 경험이 부족하거나 또는 전무한 디자이너, 업 스타일을 디자인한다는 것 자체가 무리라고 여기는 디자이너에게는 어려운 단계이지만 그렇지 않을 경우, 즉 하려고 하는 의지와 욕구를 강하게 나타내고 있거나 혹은 경험을 어느 정도 가지고 있어 흥미를 지니고 있다면 아주 쉽게 접근할 수 있는 단계이기도 하다.

이 단계에서는 모델과 재료, 기구 등으로 어떻게 하면 효율적인 디자인을 완성하느냐에 주의해야 한다. 효율적인 방법으로는 아이디어 개발 목적에 부응하여 신속하고 완벽한 디자인을 구사할 것을 염두에 둬야 한다.

(4) 선택과 전개

업 스타일 디자인을 행하다 보면 구상과 실행에서는 예기치 못한 상황으로 전개되거나 혹은 구상과 실행이 합리적이지 못한 경우를 볼 수 있다. 이러한 문제점들은 구상 단계에서 너무나 단편적이고 추상적인 요인이 내포되어 있기 때문이다. 업 스타일은 상상만으로 만들어 내는 디자인이 아니라 주어진 조건에서 완성하는 현실적 디자인이라는 것을 잊어서는 안 된다. 따라서 구상된 아이디어가 기존에 선행된 디자인과의 차이점은 있는지, 또는 실용성과 창의성은 표현할 수 있는지를 정리하고, 정리된 구상의 진행 과정을 아주 신속하게 선택해야 한다.

또한 선택되어진 아이디어의 선택 동기를 재인식하고 선택되어진 아이디어가 필요하다면 발전시켜 나갈 수 있는 또 다른 동기로 활용하기 위하여 자료로써 보관하도록 한다.

업 스타일 디자인의 실제에서는 여러 가지의 기능적인 요소들이 서로 결합하여 하나의 스타일로 완성하는 것이므로, 이에 해당하는 재료, 도구 등이 필요하다. 구상에 의해 선택되어진 스타일에서 볼륨감이 필요하거나 또는 땋는 형식 등을 취하는가는 디자이너의 개인적 창의성에서 비롯되기는 하지만, 완성된 스타일이 아름다운 디자인 능력으로 평가되어지기 때문에 디자이너의 독단적인 판단으로 디자인한다는 것이 모순일 수도 있을 것이다.

또한 선택된 스타일은 새롭고 독특하며 실행 가능성에 대한 기본적인 사고와 고객에 의한 재구매의 의욕을 유발할 수 있는 동기를 부여할 때 훌륭한 디자이너이며, 디자인인 것이다.

5) 업 스타일 디자인 실제

어떠한 스타일을 연출하기 위해서 반복적이고 치밀한 계획 아래 사전 실습을 충분히 해봄으로써 디자인 연출 능력을 향상시킬 수 있는 개발을 하여야 한다.

(1) 업 스타일 디자인

① 목표의 설정

기존의 스타일이나 다른 디자이너의 실행 과정 등을 벤치마킹을 통해서 독창적이고 창의적인 디자인을 이루기 위해서 무엇을 어떻게 표현할 것인가를 목표로 하고, 총체적 판단을 반영하여 결정한다.

② 이미지 설정

계획한 목표에 적절하게 접근할 수 있는 이미지를 함축하는 것으로 하고, 그 이미지를 어떻게 무엇으로 표현할 것인가를 고려하여 설정한다. 사실 업 스타일 디자인은 소재의 제한성이 있기 때문에 다양한 이미지 부여 자체가 어렵다. 그래서 이미지 설정은 간결하면서 고객의 요구와 디자이너의 기능 능력으로 표현할 수 있는 한계로 하고, 이미지 표현이 가능하다면 최대한 강조할 수 있는 선에서 이루어져야 한다.

③ 이미지 구성

설정되어진 이미지를 구성하고자 업 스타일 디자인의 실제에서 사용되는 기구, 재료와 디자이너의 기능 등으로 완성에 이르는 단계를 의미한다.

창조적인 디자인을 위해서는 디자이너가 풍부한 아이디어를 축척하고 있으면 이상적이라 할 수 있으나, 대부분의 디자이너는 이러한 조건을 갖추고 있지 않은 데서 문제가 발생할 수도 있는 것이다. 계획했던 바에 예기치 못한 상황 전개는 또 다른 어려움으로 나타날 수밖에 없는데, 디자이너는 최소한 자신이 하고자 하는 디자인에 대한 변형을 언제든 가능한 것으로 진행할 수 있는 몇 가지의 기능이라도 확보하고 있어야 한다. 그래서 디자인 연출 과정 속에서 수정 · 보완이 언제든지 가능하도록 하는 것이 디자인 활동에 도움이 된다. 이러한 것은 또 다른 디자인의 발상으로 이어지는 계기가 되어 디자인 능력 향상에도 크게 기여하게 된다.

다시 말하면, 다양한 기능적 지식과 많은 경험도 개인의 의지와 노력에 의해 향상된다. 그러기에 완성된 하나의 스타일에서 그치는 것이 아니라 처음 완성한 스타일에서 또 다른 변형된 스타일을 연습함으로써 디자인 발상도 발전하는 것이다.

(2) 업 스타일에 필요한 지식

업 스타일 디자인을 행하다 보면 많은 디자인 공정을 거치게 되는데, 기초적인 몇 가지의 예를 들어본다.

① 백콤

모발과 모발의 흩어짐을 방지하고 풍성한 볼륨감을 얻기 위하여 하는 기술이다. 빗살이 촘촘한 빗이 주로 애용되는데, 모발 표면의 모표피를 뒤로 젖혀 주어 모발끼리 서로 엉킬 수 있도록 유도하는 기능을 말한다.

② 보조물

보다 견고하고 높고 크게 디자인하려고 할 때 사용하는 것으로 주로 머리카락이나 가발을 이용하고, 여기에 가는 선으로 만들어진 그물망을 씌워 크기를 정리하여 사용하는 것을 말한다.

③ 땋기

대체적으로 땋는 형식에는 정해진 룰은 없으나 주로 세 가닥, 네 가닥 등으로 행하는 경우가 일반적이며, 업 스타일을 표현하기 위하여 많은 디자인에 응용된다.

④ 웨이브 연출

업 스타일 디자인에서 보다 우아하고 아름다운 여성미를 강조하기 위해서는 컬의 표현이 요구되고, 컬의 표현에 의해서 디자인의 완성미가 다르게 나타나기도 한다. 이는 컬의 원만한 곡선과 형식에 의해서 다양한 이미지 구성을 실현할 수 있는 것의 실례인데, 꾸준한 실행연습을 통하여 다양한 웨이브 연출 방법을 숙지하고 있다면 업 스타일 디자인만이 아니라 헤어 디자인 영역에서 용이하게 이용될 수 있다.

Chapter 9

업 스타일 도구와 사용법

한 작품의 업 스타일을 정확하고 손쉽게 완성시키기 위해서는 전문적인 도구(道具)가 필요하다. 이 필수적인 도구의 사용법을 반드시 알아야 하고, 능숙하게 다루어야 한다.

모델의 소재가 다양하고, 또 머리의 길이가 부위에 따라서 다르며, 머리의 양이 다르기 때문에 사용되는 도구는 다 달라진다.

업 스타일에 있어서의 가장 중요한 점은 모델의 소재, 즉 골격에 맞는 머리 흐름의 아름다운 선과 고운 면을 창출하여 훌륭한 형(style)을 만드는 일이다. 또한 선과 선, 면과 면의 아름다움이 하모니를 이루어서 목적에 맞는 디자인을 창출해 내는 일인 것이다. 그러기 위해서는 첫째로 면을 잘 정리해서 곱게 디자인을 하는 일이고, 둘째로 선 자체를 디자인하는 일이고, 셋째로 방향성을 가진 머리끝을 디자인하는 일인 것이다. 이렇게 업 스타일의 특성에 맞게 스타일을 진행하기 위해서는 목적에 맞는 도구를 잘 이용하여 작품을 연출하는 것이 중요하다

1. 도구의 종류와 사용법

1) 핀 종류

(1) 실핀

업 스타일에 있어서 가장 많이 사용하는 핀이다. 면과 면에 있어서 한 포인트를 튼튼히 고정시 키는데 효율적으로 사용한다.

(2) 구슬핀(보비핀)

피부에 닿는 감촉을 부드럽게 하여 무리가 없이 머릿단 속으로 꼽는데 사용하는 핀이다. 실핀보다 약간 부드러운 부분에 꽂을 수가 있으나 실핀보다 고정시키는 힘이 다소 약하다.

(3) 스몰핀

실핀과 똑같은 모양이지만 크기가 작다. 머리숱이 적은 부분이나 머리 뒷면의 면과 면을 약간 힘있게 고정시키거나 볼륨을 조금 가라앉힐 때 사용한다.

(4) 유 핀(U핀: 네지핀) - 대

힘있게 머리를 받치면서 고정시켜 줄 수 있는 핀으로서 머리숱을 가장 많이 잡아서 고정할 수가 있고, 특히 부풀은 머리에 핀의 형태를 구부려서 핀 자체가 빠지지 않도록 하여 머리 다발 속 깊이 꽂을 수 있는 장점이 있다.

(5) 오니핀(U핀) - 소

벌어진 면을 연결시키거나 면과 면을 자연스럽게 연결시키는데 사용하고, 유핀(대)보다 머리숱이 적은 부분에 사용한다.

(6) 털핀

핀 중간에 약간의 구부러진 곳들이 있어서 밑에서 꽂아도 떨어지지 않고 잘 빠지지 않도록 만들어진 핀으로 벌어진 틈새를 눈에 띄지 않게 연결시킬 때 사용한다.

(7) 플랫핀

싱글핀을 특별히 고안해서 만든 핀이다. 완성 단계에 있는 머리형을 완벽하게 고정시키는데 사용하는 핀으로서 머리의 표면에 자국이 남지 않는 것이 특징이다.

(8) 핀셋

머리 다발이나 어떠한 형을 이룬 스트랜드를 임시 고정할 때 사용한다.

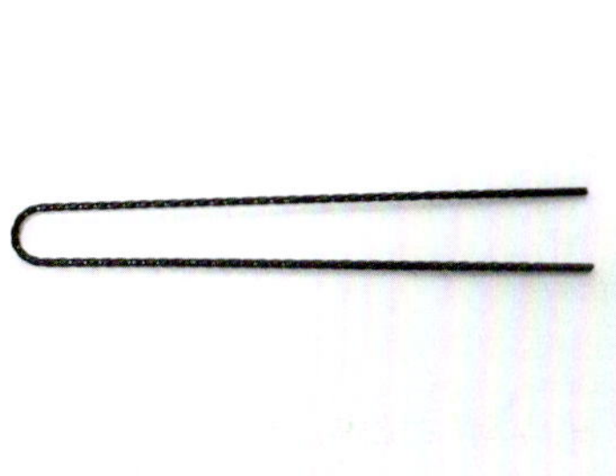
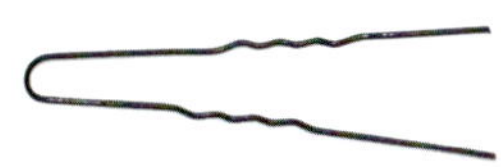

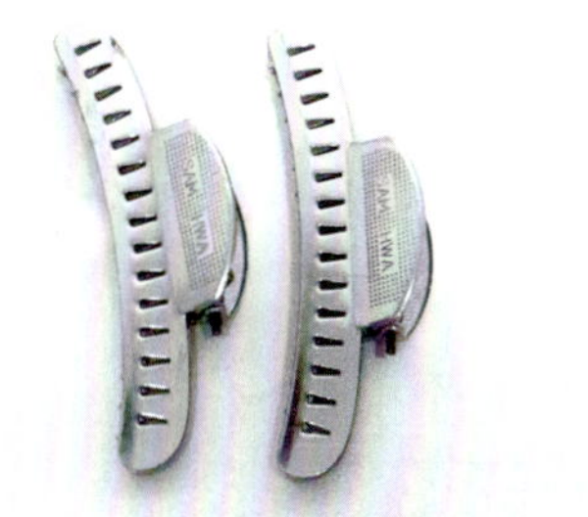

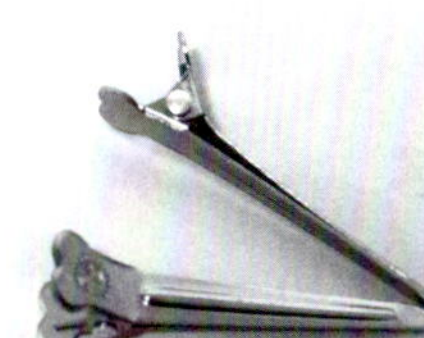
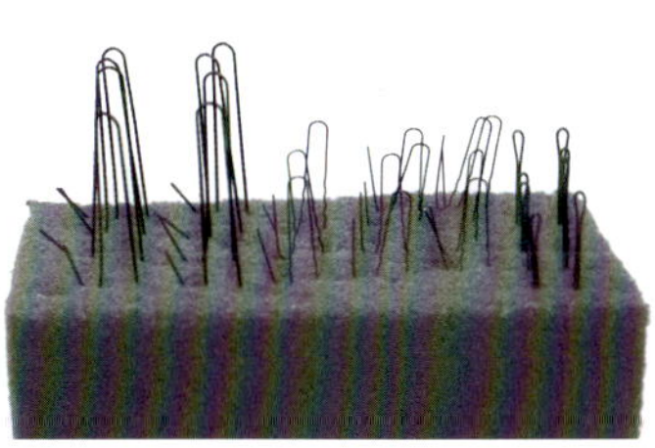
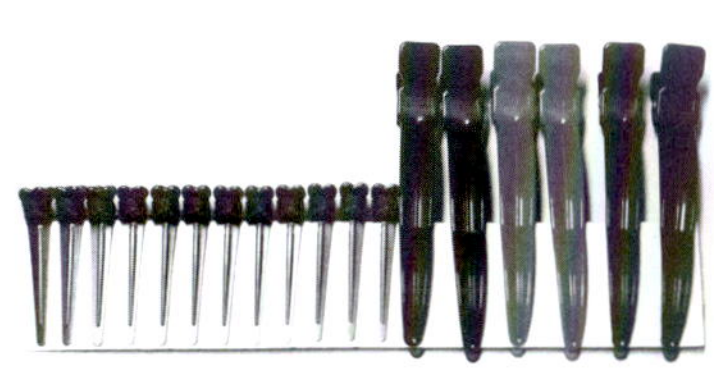
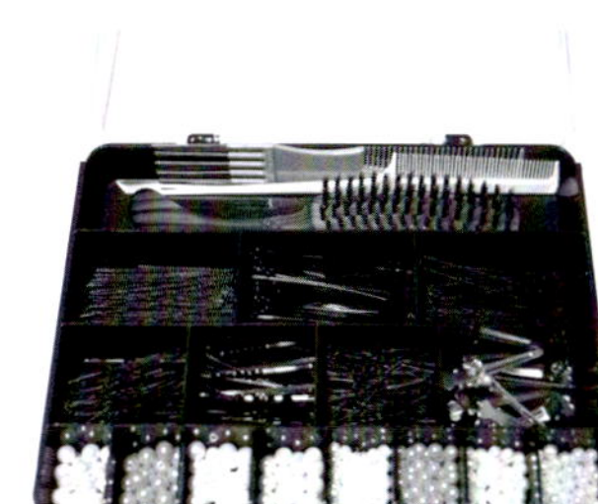

2) 콤(Comb)

(1) 오리지널 콤(Original Comb)

나무 재질로 만든 콤이다. 머리카락과 친화성이 있어서 전형적인 업 스타일을 하기에 우수한 성질을 갖고 있는 콤으로서 백 콤을 줄 때나 면을 곱게 완성하는데 이용한다.

(2) 완성 스타일링 콤

형의 완성 단계에서 면을 곱게 정리하는 콤으로서 전통적인 업 스타일을 연출하는데 사용한다.

(3) 덕테일 콤(일명 꼬리빗, Ducktail comb)

업 스타일에 있어서 빈도 수가 높게 사용되는 콤으로서 섹션을 뜨고, 백 콤을 넣고, 매쉬(mesh)를 정리하고, 머리끝의 방향성을 만드는 역할을 한다.

(4) 스타일링 콤(Styling comb)

백 콤을 넣을 때나 또는 완성된 상태의 형을 잡거나 특히 앞머리 부분을 세울 때 스프레이와 함께 사용하는 콤이다.

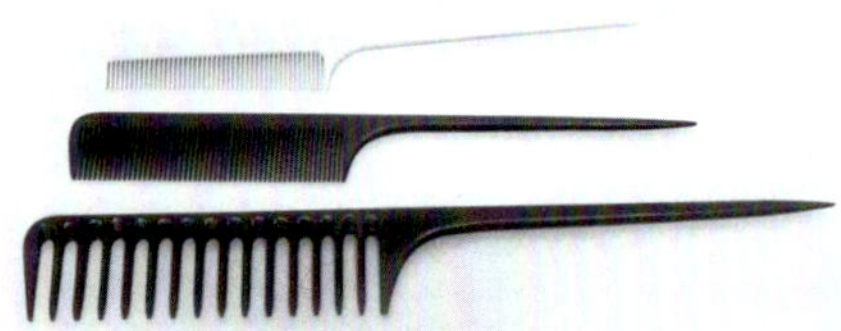

3) 브러시(Brush)

(1) 쿠션 브러시(Cushion brush)

두상의 골격에 잘 맞도록 설계되어 있고, 빗살 등 면에 쿠션이 있게끔 되어 있어서 일정한 텐션으로 하여금 브러싱을 균일하게 할 수 있게 되어 있는 장점이 있어서 업 스타일용 브러시로서 사용 빈도 수가 높은 브러시이다. 한꺼번에 머리 전체를 크게 브러싱할 수가 있다.

(2) 브러싱 브러시(Brushing brush)

머리 면을 균일하게 브러싱할 수 있고, 부분부분의 머릿단을 정확하게 브러싱하여 연출시킬 수 있는 장점이 있다.

특히 S자로 구부러진 브러시는 슬라이스 선의 안쪽이라든지 네이프, 귀 윗단, 앞이마, 언저리 부분 등을 균일하게 브러싱할 수 있는 장점이 있다.

(3) 피니싱 브러시(Finising brushing)

표면을 곱게 브러싱한다거나 면의 실루엣 또는 광택을 내고 싶을 때 사용하고, 특히 사이드 면의 정확한 브러싱과 헤어 그로시(hair grossy)를 발라서 깔끔한 면의 처리를 할 수 있는 장점이 있다.

4) 세팅 롤

(1) 오리지널 롤링 컬러

오리지널 세팅 롤러로서 정확하고 탄탄하게 머리를 말 수 있어서 이상적인 컬을 얻을 수 있으나 시간이 많이 걸리는 단점이 있다.

롤러의 겉 표면이 부드러운 면으로 둘러싸여 있고 전체적으로 균등하게 구멍이 뚫려 있어서 머릿결에 데미지를 덜 줄 수 있는 장점이 있다.

기본적으로는 이 컬러를 사용하여 훈련하는 것이 이상적이다.

(2) 전기 세팅기

현대에 와서 가장 많이 사용하는 전기 세팅 롤러로서 간편하고 스피디하게 컬을 만들 수 있는 장점이 있으나 상한 머릿결에는 좋지 않다는 단점도 있다. 컬러의 종류도 다양하게 있어서 효율적으로 사용할 수가 있다.

Chapter 10

업 스타일의 기본공정

1. 백 코밍(Back combing)

1) 백 코밍의 목적과 효과(방향)

백코밍은 각각의 목적에 따라서 각도를 변화시켜 줌으로써 효과적으로 사용할 수 있는데, 소재의 조건 및 상태에 따라서 백 코밍의 테크닉을 사용해야 한다.

백 콤의 목적은 단순히 큰 부풀림을 만들기 위해서 뿐만 아니라 아름다운 휨을 만드는 제안이라고 본다. 머리 다발의 펼쳐짐, 가벼움, 움직임 등의 풍부한 표정을 만들기 위해서 사용된다. 그래서 이 목적과 효과를 충분히 계산해 나가면서 조작하는 일이 중요하다.

2) 백 코밍

(1) 모 양의 분량

백 코밍은 먼저 일정한 머리 다발(섹션)을 뜨는 일, 즉 일정한 양의 패널을 뜨는 일부터 시작한다. 디자인에 따라서 또는 부분부분의 목적에 따라서 다르지만, 일반적으로 가장 이상적인 정의는 다음과 같다.

(2) 패널(Panel)의 길이

일반적으로 머리 다발을 탄탄하게 유지하기 위해서는 최대한으로 손가락의 검지의 안쪽 길이로 뜨면 적당하다. 만일 그 이상으로 뜨게 되면 지탱하는 머리 다발에 무리가 생겨서 잘 지탱할 수 없게 된다. 즉, 보통 6~7cm로 하면 이상적이라 할 수가 있다.

(3) 패널(Panel)의 방향

머리 다발을 뜰 때 베이스의 크기 문제는 다음에 오는 것이 뜨는 방향이다. 즉, 머리 다발이 머리의 면에 있어서 어떤 방향으로 향할 것인가의 문제이다. 헤어 스타일을 디자인하기 위해서는 부분부분의 방향이 있기 때문에 그것에 따라서 패널을 뜨면 된다. 여기서 중요한 것은 볼륨을 주체로 하는 경우라든지, 움직임을 주체로 하는 경우 등의 각각의 표현하는 면을 생각해서 목적에 맞는 방향으로 슬라이스를 뜨는 것이 좋다. 아울러 각각의 머리 다발의 구분도 첫째 열과 둘째 열이 동일선상에서 구분되지 않도록 베이스를 지그재그로 뜨면 더욱더 좋다. 즉, 머리 다발의 베이스를 상호적으로 넣어서 뜨는 것이다.

2. 파운데이션(Foundation)

토대(Foundation)를 파운데이션(Foundation)이라고 한다. 롱 헤어를 완성할 경우 자연스럽게 머리를 내리는 '다운 스타일' 을 제외하고 머리를 한 번에 묶지 않으면 안 되는 업스타일 또는 롱 스타일을 쇼트 스타일로 보이게끔 디자인을 하는 경우에는 필히 토대를 만들지 않으면 안 된다.

1) 토대를 만드는 목적

① 모델의 모발의 양에 따라 토대에 사용하는 머리 다발을 많이 뜬다든지 적게 뜬다든지 하는 방법에 따라 다루는 머리의 양을 조절할 수가 있다.
② 머리 다발을 토대에 붙여 핀워크를 해서 정확히 고정시킬 수가 있다
③ 토대의 머리 다발이 베이스가 되어 그 부분을 자유롭게 부풀려 볼륨감을 얻을 수가 있다.

2) 토대를 만드는 방법과 효과

① 고무줄로 묶는다.(고무줄로 묶은 머리 다발을 컬로 만들어 장식적으로 꾸미기도 하고, 또는 머리 다발을 고무의 위에 감아서 부풀림의 토대로 쓰기도 한다.)

② 세 가닥으로 꼰다.(머리의 양이 적을 경우에는 세 가닥으로 꼬아서 속으로 감추고 머리끝을 사용하지 않는 스타일을 해서 부풀림의 토대에 쓴다. 양감의 토대에 사용한다.)

③ 머리 다발을 2개로 교차시켜 비튼다.(비틈으로 긴 머리 다말을 짧게 조작할 수가 있다. 백에 컬을 할 경우에 사용한다. 머리끝의 양감과 움직임을 동시에 구할 수가 있다.)

④ 손으로 누르고 갈매기형으로 고정한다.(옆으로 넓게 토대를 만들고 싶을 때 사용)

⑤ 머리 다발을 옆으로 포갠다.(머리 양이 많은 사람에게 사용, 머리 다발이 무거우면서 부풀림을 만듦)

Chapter 11

브레이드 테크닉(Braid tecnique)

1. 꼬기 (Twist)

1) 한 가닥 꼬기(Single-strand)

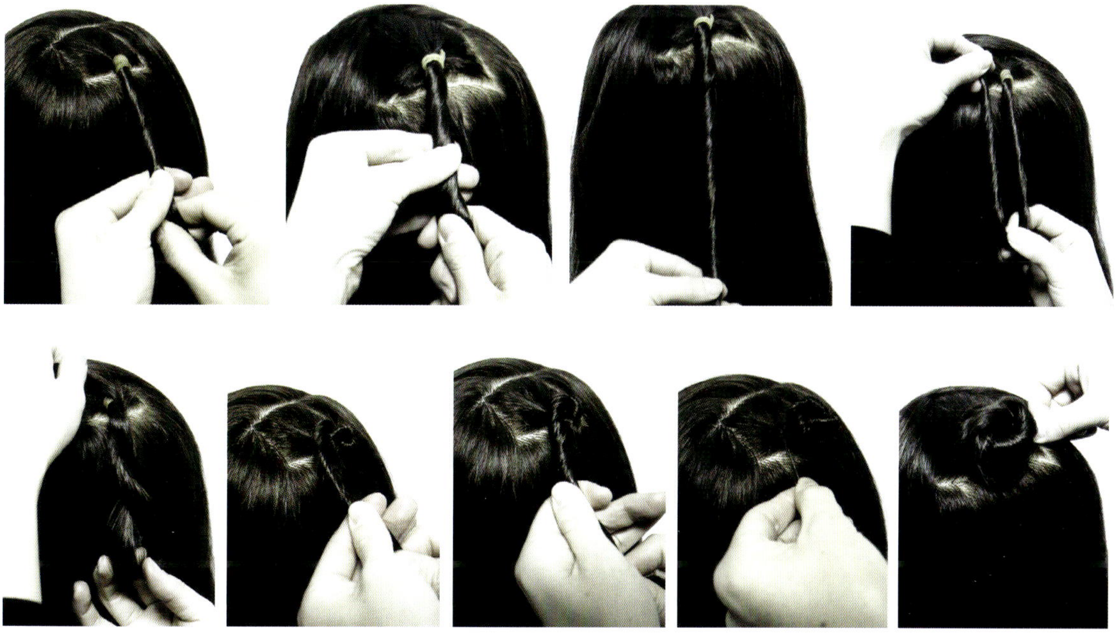

2) 두 가닥 꼬기(2-Strand)

꼬기는 밧줄같은 모양을 나타내기 위해 한 가닥, 두 가닥 혹은 세 가닥의 머리가 말려 있거나 회전한 것이다.

- 크기/텐션 : 머리 가닥의 크기와 이에 적용되는 텐션은 꼬기의 모양을 결정한다. 크기와 텐션은 큰 가닥을 작은 가닥으로, 또는 느슨한 가닥을 탄탄한 가닥으로 바꿀 수 있다.

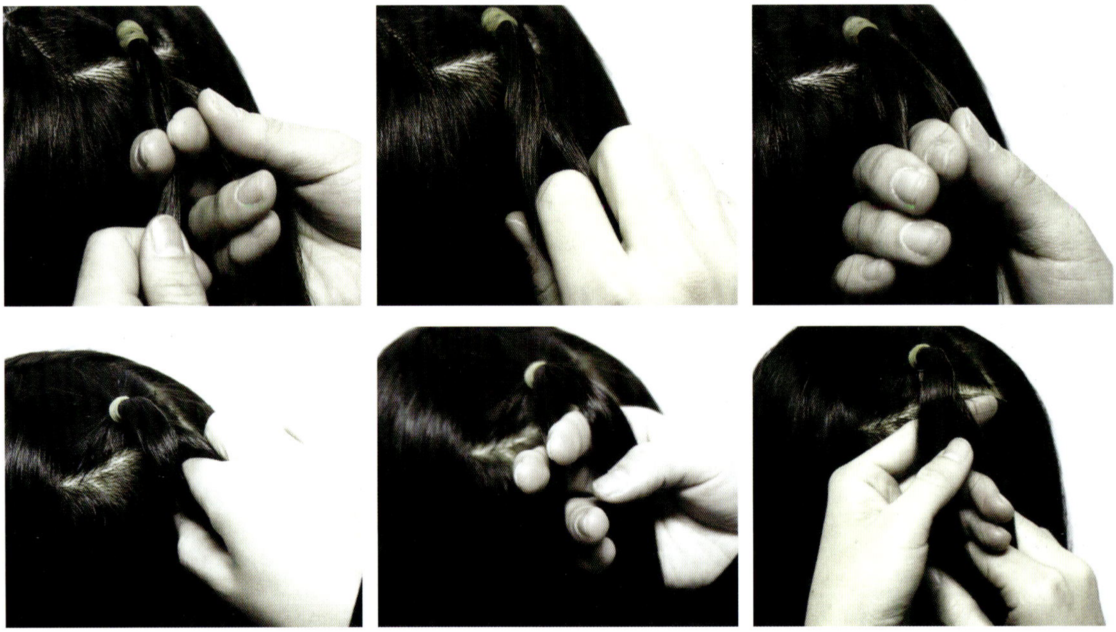

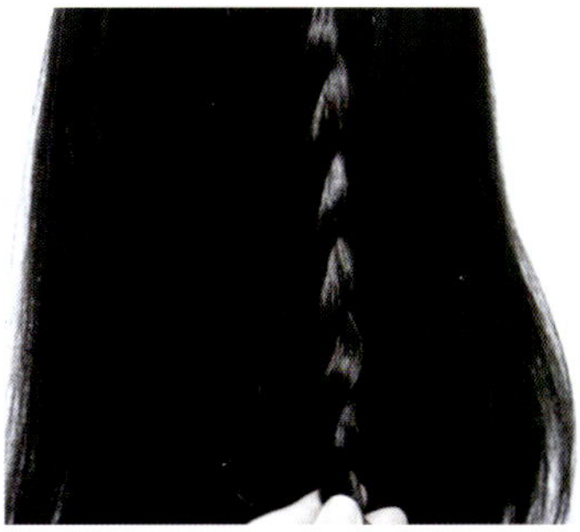

2. 겹치기(Overlap)

1)겹치기 테크닉의 응용

겹치기는 두 개의 머리 가닥을 서로 반대쪽 가닥 위로 겹쳐서 십자 겹침 효과를 얻는 것이다. 여기서는 머리 가닥을 교대로 다른 가닥의 위로 겹치며 아래 방향으로 진행한다.

완벽한 결과를 위해 각 섹션을 겹치기 전에 매끈하게 빗질한다. 겹쳐진 가닥이 두상의 윤곽에 가까이 겹치도록 하기 위해 손을 두상의 곡면에 90° 로 세운다.

3. 땋기 (Braid)

땋기는 세 가닥이나 그 이상의 머리 가닥을 교차하거나 엮는 것으로 구성된다.

1) 3가닥 위로 땋기(3-Strand overbraid)

이 땋기는 바깥 가닥이 교대로 가운데 가닥 위로 겹친다. 이 기법을 사용했을 경우에는 땋은 가닥이 속으로 들어감에 주목한다.

2) 3가닥 아래로 땋기(3-Strand underbraid)

이 땋기는 바깥 가닥이 교대로 가운데 가닥 아래로 겹쳐진다. 이 기법을 시술했을 경우에는 땋은 가닥이 겉으로 나오게 됨에 주목한다.

3) 4가닥 땋기(4-Braid)

① 섹션을 떠서 4등분 해준다.
② 오른쪽부터 1, 2, 3, 4번으로 한다.
③ 2번이 3번 위로 왼손에 넘겨주고, 3번은 아래로 오른손에 넘겨준다.
④ 왼손의 4번을 2번 위로 넘긴다.
⑤ 1번이 3번의 아래로 4번의 위로 넘겨준다.
⑥ 왼손의 사이드 머리가 오른손의 중앙으로 온다.
⑦ 오른손의 사이드 머리를 왼쪽으로 넘긴다.
⑧ 4가닥 땋을 것

4) 5가닥 땋기 (5-Braid)

머리를 다섯 가닥으로 똑같이 나눈다. 가운데 세 가닥으로 시작하여 왼쪽 가닥을 가운데 가닥 위로 교차하고, 그 다음 오른쪽 가닥을 가운데 가닥 위로 교차한다.

다음은 왼쪽에서 네 번째 가닥을 집어 그 옆 가닥의 아래로, 그리고 위로 교차한다. 손을 바꾸어 다섯 번째 가닥도 똑같이 반복한다.

5) 7가닥 땋기(7-Braid)

일곱 가닥 땋기를 만들기 위하여 다섯 가닥 땋기 방법을 따르면서 두 가닥을 더한다. 기본 세 가닥 위로 땋기 시작한다. 그 다음 네 번째 가닥을 그 옆 가닥의 아래로, 그리고 가운데 가닥의 위로 교차하여 엮는다. 다섯 번째 가닥도 똑같이 반복한다.

Chapter 12

업 스타일의 실제

1. 한복머리 - 쪽진머리

① 적당량의 젤을 손에 덜어 물과 희석한다.(젤3 물1 비율로)
② 두피 쪽 뿌리부분이 볼륨이 없도록 손으로 타이트하게 젤을 발라 빗질한다.
③ 왼손으로 머리를 하나로 잡아 네이프 라인에서 매끄럽게 벤딩처리해 준다.
④ 네이프 라인에 머리가 당길 수 있으므로 약간 느슨하게 한다.
⑤ 스프레이 후 표면 머리를 곱게 빗어준다.
⑥ 묶은 머리를 3등분으로 한다.
⑦ 세 가닥 땋기를 해준다.
⑧ 잔머리가 솟지 않도록 스프레이나 젤을 발라주면서 땋아준다.
⑨ 머리끝까지 땋아주고 벤딩치리해 준다.
⑩ 땋은 머리를 왼쪽에서 오른쪽으로 방향을 잡아준다.
⑪ 왼쪽에 뱅을 만들어 한 바퀴 틀어준다.
⑫ 남은 머리는 묶은 부분에 감아준다.
⑬ 중심선이 클립 고정한 곳으로 양쪽으로 쪽머리의 모양을 만든다.
- 검지 손가락의 위치는 비녀가 귓불 위로 올라가지 않도록 주의한다.
⑭ 비녀를 꼽고 밀어준다.
⑮ 전체를 빗질해 준다.

2. 웨딩

풍성한 볼륨감을 강조한 골든 포인트를 중심으로 백 사이드 부분에 고리 모양으로 연결된 롤뱅을 연출해 서로 오버랩 되도록 교차시키는 것이 디자인 포인트라고 할 수 있다. 후두부에 포인트를 주는 형태가 주류를 이루었지만 현재에는 다양한 디테일이 첨가되어 우아하면서 화려한 이미지를 연출한다.

1) 웨딩 스타일 |

①~② 골든 포인트를 중심으로 백 콤을 형성한 후 래트 테일 콤으로 코밍하면서 밀착감을 부여해 볼륨이 강조된 둥근 라운드 셰이프를 형성한다.

③~④ 볼륨 효과를 한층 강조하기 위해 래트 테일 콤의 끝 부분으로 패널을 살짝 들어올려 섹션 내부에 일정한 공간감을 주도록 한다.

⑤ 골든 포인트를 중심으로 포니 테일 묶음 처리한다.

⑥ 프린지 라인은 오른쪽 방향으로 리버스 다이렉션(reverse direction)해 임시 고정해 둔다.

⑦~⑪ 페이스 라인에 가늘게 스트랜드를 남겨둔 상태에서 왼쪽 프론트 사이드부터 패널을 4~5cm 정도 설정해 모근에 백 콤을 형성한 후 코밍해 밀착감을 부여, 그리고 앞쪽 방향을 향해 뱅을 만든 상태에서 모발 끝을 롤뱅 안으로 빼내어 롤뱅 센터 부분에서 고정한다.

⑫ 다음 섹션도 마찬가지로 진행해 네이프 사이드까지 총 3개의 섹션을 완성한다. 반대쪽도 같은 방법으로 진행하되 임시 고정해 둔 프린지 라인과 연결하면서 디자인을 완성한다.

⑬ 골든 포인트에 포니 테일 처리하고 남겨둔 모발 끝을 두 개의 섹션으로 나누어 마찬가지로 고리 모양의 뿔을 형성한다.

⑭ 언더라인의 패널도 두 개의 섹션으로 구분해 둔다.

⑮~⑳ 부분적으로 네이프 사이드의 스트랜드를 남겨두면서 마찬가지로 롤뱅을 형성해 고정한다.

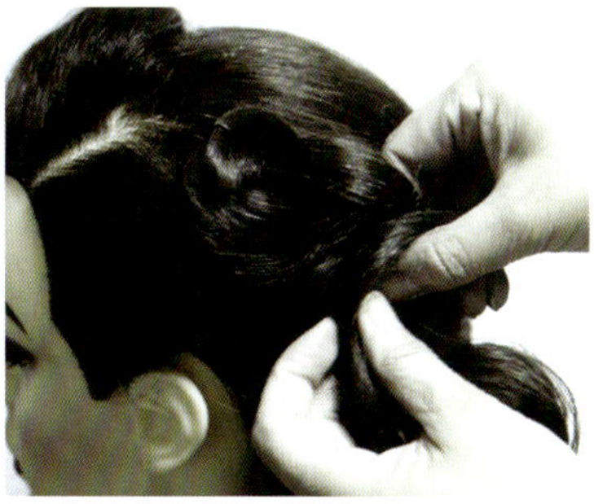

2) 웨딩 스타일 II

① 양쪽 리세션 에어리어에서 라운드 파팅하면서 2섹션 블로킹한다.

② 언더 섹션 센터에서 버티컬로 2섹션 블로킹한다.

③~⑤ 언더 섹션의 양쪽 사이드를 중심으로 세 가닥 집어 땋기로 진행. 아래 슬라이스 하나를 뒤에서 끌어오고 아래 슬라이스 하나를 앞에서 끌어와 교차시켜 땋는 방식으로 진행한다.

⑥ 모발 끝을 약 7cm 가량 남겨둔 상태에서 땋아 내려간 후 느슨하게 당겨 늘어뜨려 준다.

⑦~⑧ 오버 섹션은 전체적으로 백 콤을 형성한 후 코밍함으로써 밀착감을 부여한 상태에서 적당한 불륨을 형성해 핀으로 고정한다.

⑨~⑩ 좌우 옆모습

3. 정장 스타일 - 드레스 스타일

①~⑤ 모발 전체를 곱게 세팅해 준다.

⑥~⑦ 전체를 백 코밍하여 준다.

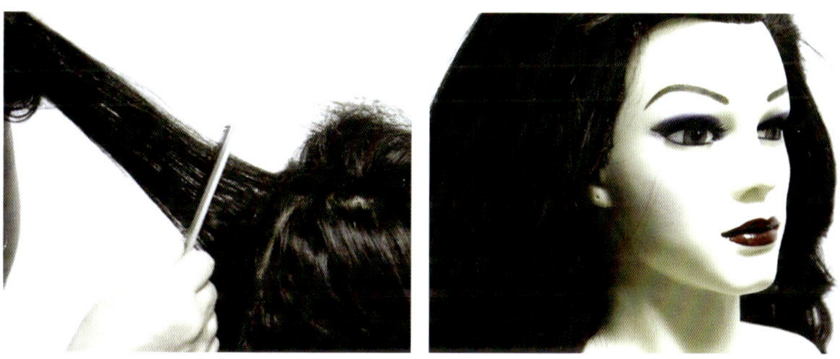

⑧ 왼쪽의 프론트에서 사이드 네이프 라인까지 방향을 잡아준다.

⑨ 브러싱 후에 핀으로 겹치기 고정을 한다.

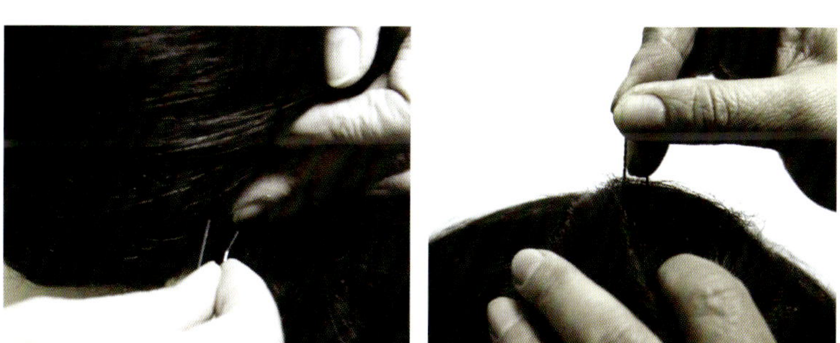

⑩ 겹치기 고정을 해준 모습

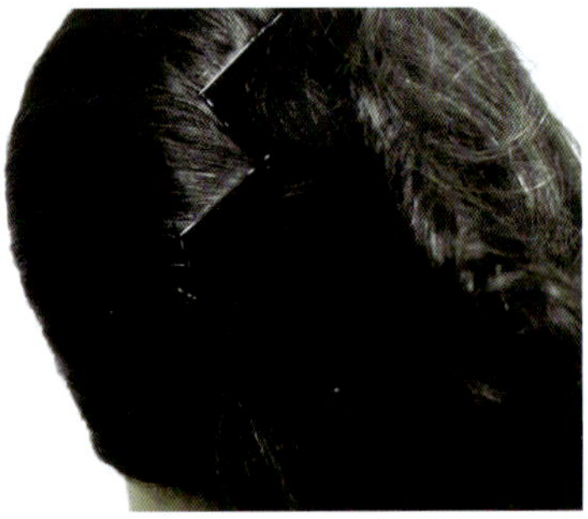

⑪ 사이드를 가볍게 백 코밍해 준다.

⑫ 프론트에서 네이프 라인까지 왼손에 모아서 브러싱해 준다.

⑬ 손을 바꿔준다.

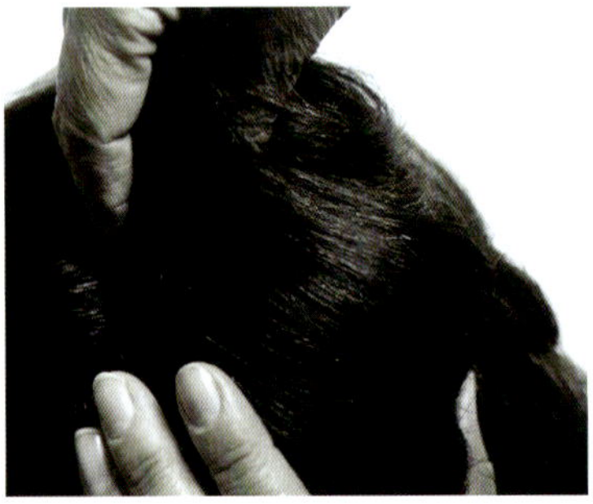

⑭ 오른손으로 꼬아주면서 꼬리 머리를 왼손으로 안쪽에 넣어준다.

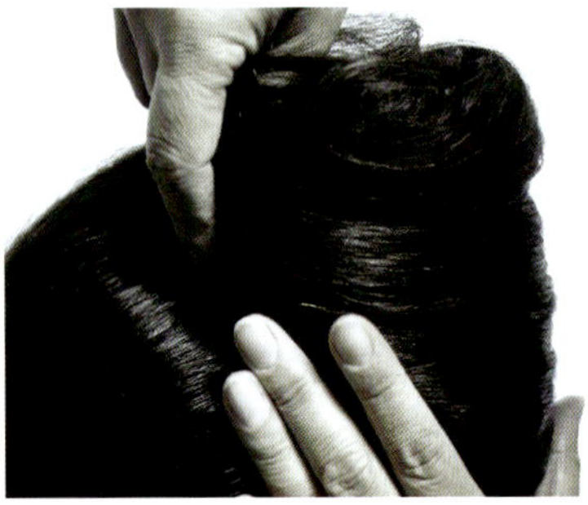

⑮ 왼손으로 네이프 라인에서부터 매끄럽게 처리해 준다.

⑯ 네이프 라인을 잡아 밸런스를 잡아 핀으로 고정한다.

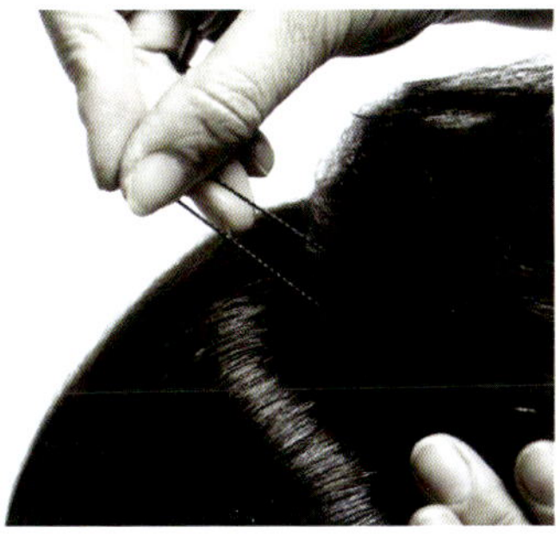

⑰ 가볍게 스프레이해서 표면을 매끄럽게 해준다.

⑱~⑳ 완성된 앞뒤 옆모습

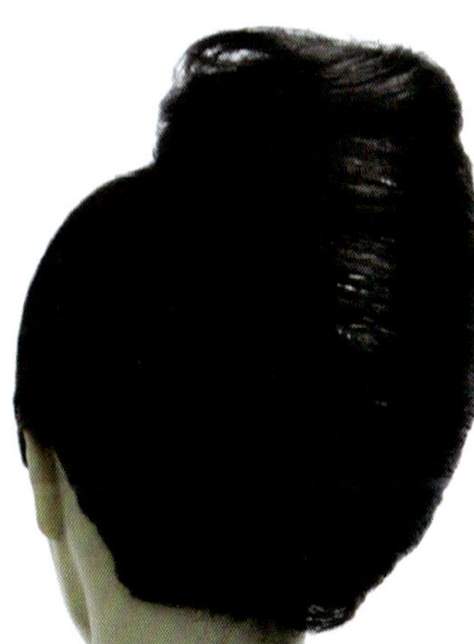

Blowdry & Upstyle

부 록

미용 용어 설명
찾아보기

부록

미용 용어 해설

미용은 프랑스, 영국 등 유럽에서 시작되었으며, 서양에 맞추어 미용 용어가 정의되어 있어 대부분 영어, 프랑스어가 섞여 통용되고 있다.

따라서 부록에서는 미용 시술 시 사용되는 미용 용어를 영어, 프랑스어를 통합하여 알파벳순으로 나열하였으며, 미용에 관련된 내용들을 발췌하여 설명하였다.

A

- accent **(액센트)** 강조, 강약, 억양, 어조, 즉 어느 부분을 강조하거나 눈에 띄게 하는 의미로 사용된다.
- accessory **(액세서리)** 장신구, 부속품. 주로 의복에 대해 복장을 제외한 것. 팔찌, 브로치, 귀걸이, 벨트, 모자, 장갑, 손수건, 가방, 신발 등의 장신구.
- accord **(어코드)** 일치성.
- activate **(액티베이트)** 활동 (작동) 적인, 움직임이 있는, 머리 표면이 입체적인.
- active **(액티브)** 엑티베이트와 같은 의미로 활동적인.
- a cute angle **(어 큐트 앵글)** 날카로운 각도.
- adaptable **(어댑터블)** 융통성 있는, 적응할 수 있는, 이상적인 뜻으로 개인의 해부학적 구조, 성장, 패턴, 머리숱과 생활양식에 맞추는 것
- a finger' s width **(어 핑걸스 위드)** 손가락 한 개의 너비.
- a la mode **(아 라 모드)** '유행에 따르다' 라는 뜻으로 최근 유행이나 현대식의 복장을 말함.
- alternate **(얼터네이트)** 교체, 바꿈의 뜻.
- alternation **(얼터네이션)** (디자인 법칙의 하나) 순차적인 반복, 두 개나 그 이상의 디자인 요소가 반복적인 패턴 안에 들어 있는 것.
- ambivalence **(앰비밸런스)** 심리학 용어로 반대되는 감정의 양립, 양면 감정 같은

대상에 대한 상대되는 감정의 공존.

- America pin (**아메리카 핀**) 핀 종류 중에서는 고정력이 가장 좋은 핀으로서 많은 양의 모발을 고정하고자 할 때 사용한다. 그러나 너무 많은 모발이나 너무 적은 양의 모발은 오히려 고정력이 떨어지므로 주의하여야 한다.
- analysis (**애널리시스**) 분해, 분석. 어떤 디자인 전체를 부분으로 나누는 절차.
- anatomy (**애나토미**) 해부학적 신체 구조에 관한 과학.
- angle (**앵글**) 각, 각도, 시점이란 뜻으로 대상과 시선 관계의 각도를 말한다.
- anglaise (**앵글레즈**) 길게 서로 땋아 묶은 머리. 이탈리아 풍의 세로 롤의 머리 모양에서 19세기 중반에 유행.
- angle pin (**앵글 핀**) 주로 마무리 작업에 많이 쓰이는 핀으로 핀이 눈에 띄지 않는 장점이 있으며, 사용할 때는 핀 자체를 그대로 사용하여도 무관하지만 가능하면 갈고리형으로 끝부분을 꺾어서 마무리 작업 시 빠지지 않도록 사용하는 것이 더욱더 효과적이다. 즉, 보이기 쉬운 부분이나 임시로 고정한 핀을 대체하여 사용한다.
- anisotropy (**아니소트로피**) 공간의 이방성. 같은 길이의 직선에서도 수직으로 놓여 있을 때와 수평으로 놓여 있을 때 수직으로 놓인 것이 더 길게 느껴진다. 선의 길이가 같아도 심리적 공간이 같지 않을 때를 말한다.
- apex (**에이펙스**) 가장 높은 지점. 혹은 봉우리, 두상의 톱 부분.
- applicator (**애프리케이터**) 퍼머 액이나 세트 로션, 염색제 등을 담는 용기.
- arcade cut (**아케이트 커트**) 남성의 롱 헤어 스타일의 일종. 라인을 거의 면도로 밀어낼 정도로 짧게 깎는 것이 특징.
- arching (**아칭**) 이동 동작으로 머리카락을 커트하는 레저 커트의 기법으로 아크의 크기는 원하는 스타일의 두발의 길이와 관련이 있음.
- area (**에어리어**) 지역.
- argents cut (**아젠트 커트**) 은발의 커트라고 불리는 남성용의 롱 스타일. 톱의 전방과 후방의 모발을 브러시 다운하여 관자놀이의 백발을 특수한 형으로 브러시 업하고, 로맨스 그레이의 이미지를 나타낸 헤어 스타일. 흑발에도 어울린다.
- arm long (**암 롱**) 이브닝드레스 등에 착용하는 팔 위쪽까지 올라오는 긴 장갑.
- arrange (**어레인지**) 배열하다, 정리하다. 스타일의 일부를 바꾸어서 전체의 이미지를 바꾸는 것.
- asymmetry (**애시머트리**) 불균형, 비대칭 변화를 가져가면서 좌우의 밸런스가 비대칭적으로 구성된 것을 일컬음. 한 개나 그 이상의 동일하지 않은 디자인 요소들이 축의 어느 한쪽에 불균등하게 배치되어 있는 것.

- avant_garde **(아방가르드)** 도회적인. 예술학적으로는 전위파, 전위예술을 의미한다. 제1차 세계대전 후 프랑스에서 일어난 미술 운동, 문학, 회화, 영화예술 등에서 전통을 부정하고 새로운 것을 추구한 것. 일정한 유파가 아닌 예술 정신에 관한 것으로 혁신적인 예술가와 그 경향을 가리킨다. 특히 추상주의와 초현실주의를 총칭하여 아방가르드라고 가리키는 경우가 많다. 변화하는 예술 운동 안에서 기성세대의 관념과 유파를 부정하고 항상 새롭고 혁명적인 것을 창조하자는 경향을 뜻하고 있다.
- axis **(액시스)** 어떤 물체의 주위를 회전하는 가상의 직선.

B

- B. P. **(백 포인트)** 뒤 점.
- back **(백)** 안, 배경. 미용 용어에서는 두발의 뒷부분. 두상의 가르마를 타지 않고 모두 뒤 방향으로 넘겨 만든 머리형에도 쓰인다.
- back comb **(백 콤)** 볼륨을 더해주고 방향을 유도할 때 머리 다발을 들어올려 빗으로 밀어 넣는 동작.
- back side **(백 사이드)** 두상 또는 두상형의 뒤쪽. 양옆 부분으로 목덜미라고도 불리는 부분.
- balance **(밸런스)** 균형. 디자인 요소들의 평형 관계. 하나의 디자인에서 각 부분들이 조화롭게 배치되어 있는 것. 동일하지 않거나 반대되는 부분들을 나란히 놓아 전체적인 조화를 강조.
- bang **(뱅)** 수직으로 내린 앞머리를 가리킴.
- barrel curl **(배럴 컬)** 배럴은 통의 의미. 원통형으로 감긴 폭의 넓은 컬.
- base **(베이스)** 기본, 기준, 토대, 심지. 컬을 만들기 위해 만든 머리다발의 근원부위를 말한다. 커트나 퍼머, 핀컬, 드라이 등을 시작할 때 제일 먼저 결정되는 머리의 두피 부분. 밑뿌리를 말하는 것으로 화장에서는 기초 밑바탕이 되는 밑 화장을 말한다.
- base line **(베이스 라인)** 헤어 커트의 기초가 되는 부분으로 가이드를 말함.
- basic layering **(베이직 레이어링)** 두피에 대해서 전부 90° 로 잡아당겨 모두 같은 길이로 자르는 스타일.
- basic long layer **(베이직 롱 레이어)** 머리 전체의 모발을 평면에 대해서 수평으로 잡아 올려 커트하는 방법.
- bevel **(베벨)** 커트 효과의 하나로 머리 끝 부분을 바깥쪽이나 안쪽에서 테이퍼링하여 형태 선을 컵 안쪽이나 컵 바깥쪽 모양처럼 만드는 것.

- beveling **(베벨링)** 비스듬히 자르는 것. 원 랭스 커트의 경우 또는 레이어의 경우 등은 선단에서부터 위쪽으로 감에 따라서 서서히 길게 커트하여 가는데, 그때 사용하는 기법.
- bias cut **(바이어스 커트)** 사선 슬라이스로 커트하는 방법.
- bias slice **(바이어스 슬라이스)** 본래는 복식 용어로 비스듬히 라는 뜻. 커트에서 패널을 잡아낼 때 사선 상으로 패널을 잡아내는 것을 '바이어스 슬라이스 하여 패널을 잡아낸다' 고 한다.
- bisetrics **(바이세트릭스)** 2등분. 좌우 대칭.
- blocking **(블로킹)** 한 구획을 만드는 것, 구분 하는 것. 그 기법 블로킹은 사이드, 프론트, 톱, 크라운, 백, 네이프의 6등분이다.
- blow dry **(블로 드라이)** 드라이어를 사용하여 말리는 것.
- blunt cut **(블런트 커트)** 직선으로 커트하는 방법. 원 랭스 커트, 그레듀에이션 커트, 레이어 커트, 스퀘어 커트, 이븐랭스 커트 등이 대표적이다.
- bob **(보브)** 머리카락을 빗어서 동일 선상에서 커트한 스타일.
- both side style **(보스 사이드 스타일)** 가벼운 끝맺음을 하고 싶을 때나 모발의 안쪽과 바깥쪽 양쪽에서 면도날을 넣어서 테이퍼한다.
- bowl cut **(보울 커트)** 1964년경부터 유행 '보울(화분)' 을 뒤집어씌운 것 같이 눈썹도 덮어 주는 풀 뱅의 아주 짧은 보브.
- box bob **(박스 보브)** 매끄러운 머리 흐름에 의한 패널의 아름다움을 표현한 보브 스타일. 모든 라인을 4각 라인으로 정발하여 예리한 젊음을 잡은 디자인.
- boyish style **(보이시 스타일)** 남자 아이같은 머리형으로 자른 여성의 헤어 스타일. 1930년경 영국의 여배우 베아트리스 리리에 의해 보이시 보브가 일반화되어 제2차 세계대전 이후 헤프 번 스타일, 세실 커트 등에 이어졌음.
- boys bob **(보이스 보브)** 남자 머리의 깎아올린 스타일.
- braid **(브레이드)** 셋 이상의 가닥으로 갈라서 엮어 한 가닥으로 표현하는 방법.
- brush **(브러시)** 솔, 솔질, 붓, 화필 솔직하다, 털다.
- brush out **(브러쉬 아웃)** 시술한 모발 패널에서 브러시가 제거되는 행위
- brush through **(브러시 스루)** 스트랜드의 길이를 따라서 브러시를 통과(관통)시킴
- brushing **(브러싱)** 머리를 브러시로 빗는 것. 머리를 가지런히 정리할 목적으로 사용함.
- brosse **(브로스)** 짧게 깎는 것, 모발 단면의 연속으로 만들어진 스타일로 '브로' 란 '브러시' 란 뜻
- brosse cut **(브로스 커트)** 보로스 커트의 한 수법 브러시와 같은 느낌의 헤어 스타일을 각지게 깎는 머리형과 동일한 것. 정면에는 본 톱의 평면 부위가 6cm 전후이다.

C

- C-curve true **(시 커브 트루)** C자형으로 커트하는 테크닉.
- C. P. **(센터 파트)** 중앙점.
- celestial sphere **(셀레스티얼 스피어)** 머리 둘레 부위의 높이를 나타내는 입체적 측정 시스템.
- celestial axis **(셀레스티얼 엑시스)** 전체 축에 의한 각도. 타일에 맞추어서 구분 짓는 구획으로 선 방향 시술 각을 나타내기 위해 사용되는 2차원적인 기호.
- center back part **(센터 백 파트)** 센터 파트의 가름 선을 더욱 뒤쪽으로 진행시켜 두정부부터 네이프까지의 전체를 중앙으로 하여 나누는 것.
- center point **(센터 포인트)** 중심선과 크라운의 앞부분을 연결하는 포인트.
- channel cut **(체널 커트)** 서로의 길이가 교대로 대조를 이루며 행해지는 커트 테크닉.
- check cut **(체크 커트)** 커트가 완료된 후에 정리된 길이의 양 또는 머리끝을 수정하는 것.
- chignon **(시뇽)** 두상의 뒷부분에 머리의 롤이나 매듭, 요소들이 한데 모이거나 가까이 있는 현상.
- circle **(써클)** 기하학적인 닫힌곡선 모양으로 원주로 둘러싸여 있으며 중앙의 시작점에서 직경이 일정하다.
- classic **(클래식)** 고전적인. 전통적인.
- clip **(클립)** 모발을 일시 고정하기 위한 금속기구, 웨이브나 컬을 만들 때 머리에 끼우는 금속 기구.
- clipper over comb **(클리퍼 오버 콤)** 두상에 붙는 효과를 만들기 위한 커트 기법으로 머리 길이를 잡아주는 가이드로 사용되는 빗 사이로 튀어나온 머리를 클리퍼로 커트하는 것.
- clipper work **(클리퍼 워크)** 클리퍼에 의한 작업 또는 조작.
- coiffeur **(㉥코와퓨르)** 꽃, 머리 장식. 생화, 조화 또는 생화와 조화를 엮어 만든 것으로 귀여운 신부를 연출할 때 쓰는 소품 중의 하나.
- coil **(코일)** 모발을 한데 모아서 꼬아 만든 일련의 나선형이나 원형.
- comb **(콤)** 빗.
- comb control **(콤 컨트롤)** 커트 기법의 하나로 손가락이 아닌 빗살로 머리를 제 자리에 잡아주는 기법, 머리에 최소한의 텐션을 준다.
- comb out **(콤 아웃)** 마무리 테크닉을 말하며 오리지널 세트에서 대충 형을 갖춘 머리를 콤이나 브러시로 희망하는 형으로 만드는 것.
- comb through **(콤 스루)** 빗이 머릿결을 지나가는 것. 즉, 빗질 도중을 일컬음.

- combination (**콤비네이션**) 결합, 조합, 배합, 공동.
- combing (**코밍**) 빗을 이용해서 모발을 빗는 것.
- component (**컴포넌트**) 더 큰 체계 속에 속하는 한 부분.
- composition (**컴포지션**) 예술적으로 부분부분을 배치해 전체적으로 통일감 있는 형태를 만든 것. 전체를 형성하기 위해 구성 요소를 조합하는 것.
- concave (**컨케이브**) 구의 안쪽같이 휘어진.
- concept (**컨셉트**) 특이한 사례나 사건으로부터 파생한 일반적인 견해나 이해, 착상 고안.
- connection (**커넥션**) 연결, 접속, 연락, 결합의 뜻. 가이드를 연결하여 외형적인 커트의 스타일을 만드는 것.
- construction (**컨스트럭션**) 구성, 구조.
- continental brosse (**컨티넨탈 브로스**) 서구풍의 약간 긴 편인 브로스.
- contour tapering (**컨투어 테이퍼링**) 밀착된 머리를 만들기 위해서 모발의 숱을 제거하여 양적으로 감소시키는 머리 질감 만들기 기법.
- contrast (**컨트레스트**) 대조, 대비.
- conversion layering (**컨벌션 레이어링**) 인크리스 레이어링에 사용되는 기본적 커트 시술. 머리를 길게 남기고자 하는 부분의 반대쪽에 위치한 고정 디자인 라인 쪽으로 머리를 빗어줌.
- convex (**컨벡스**) 구의 바깥처럼 바깥쪽으로 휘어진 표면.
- cordless iron (**코드리스 아이론**) 전기를 이용하지 않고 가스 케이스(gas case)를 끼워 사용하는 모발 인두기로 1990년대에 흔히 애용했던 아이론임.
- cornrowing (**콘로잉**) 머리카락을 조금씩 나누어서 땋고, 그것을 전체 형으로 만드는 머리 모양. 콘로는 옥수수 낟알의 열을 없애서 죽 늘어놓은 것. 1980년대부터 레게의 인기와 함께 일반에 알려지게 되었다.
- corner (**코너**) 귀퉁이. 직선적인 라인에 의해서 생겨나는 각.
- coronet (**코로넷**) 금이나 보석, 꽃 등으로 만들어진 부인용 머리 장식. 원래는 왕족과 귀족의 왕관.
- cowlick part (**카울릭 파트**) 이마 위에 흐트러진 머리카락이 일어선 모발 가르마를 중심으로 하여 머리 흐름에 따라 사방으로 가르는 분할 방법.
- crest (**크레스트**) 볏, 깃털 장식, 파도의 가장 높은 곳. 웨이브의 가장 높은 부분.
- crest area (**크레스트 에어리어**) 두상의 가장 넓은 부분. 크레스트 윗부분(interior)과 아랫부분(exterior)을 구분해 준다.
- create (**크리에이트**) 창출하다, 창작하다.

- creation cut (**크리에이션 커트**) 창조적인 디자인 커트.
- creepage (㉿**크레파쥬**) 머리칼을 곱슬곱슬하게 하는 기술.
- cross cheek cut (**크로스 체크 커트**) 커트를 끝낸 다음 체크 커트를 할 때 지금까지의 슬라이스선과 교차되도록 패널을 잡아내어 길이를 체크.
- cross pinning (**크로스 피닝**) 십자로 교차시켜 핀을 꽂는 것.
- crown (**크라운**) 관. 옛날에 왕이 쓰던 위엄을 드높이는 장신구이었지만, 최근에는 신부가 웨딩 드레스에 맞추어 사용하는 대표적인 햇 드레스 정도가 되었다. 두부의 한 섹션. 전두부로부터 후두부에 걸친 부분을 가리킨다.
- curl (**컬**) 앞머리에 변화를 주기 위하여 볼륨 감을 만들기 위해서 모발을 말아 웨이브를 만드는 것.
- curler (**컬러**) 컬을 만들어 주는 말이 기구.
- curve flat (**커브 플렛**) 납작하게 굽어짐.
- custom cut (**커스텀 커트**) 습관, 주문, 준비 작업을 한다는 뜻으로 하나의 스타일을 만들기 위해 고객의 스타일에 맞추어서 커트하는 것.
- cut (**커트**) 자르다. 절단하다의 뜻. 주된 방법은 브런트 커트, 테이퍼 커트, 틴닝 커트, 스트록 커트 등.
- cut end (**커트 엔드**) 절단면.

D

- dandy (**댄디**) 멋진, 맵시 있는.
- decoration (**데코레이션**) 꾸미는 것, 근대에서는 일반적으로 아름다움을 준다는 의미로 쓰임.
- deep taper (**딥 테이퍼**) 머리숱이 너무 많을 때와 바깥쪽의 머리를 테이퍼할 때 2/3 밑뿌리에서부터 레저를 넣어서 테이퍼함.
- deformation (**디포메이션**) 형을 바꾼다, 모양을 바꾼다, 변형한다는 뜻.
- denman blow dry (**덴만 블로 드라이**) 덴만 브러시를 사용해서 모근을 세우고, 미끌어지듯이 볼륨을 내서 스타일을 만드는 일.
- denman brush (**덴만 브러시**) 많은 양을 드라이 할 때 쓰는 브러시.
- design (**디자인**) - 하나의 예술적 단위를 만들어내는 모양, 선, 장식 효과의 배열.
- design decision (**디자인 디시전**) 최종 헤어 디자인의 결정으로 고객과의 충분한 상담을 통해 결정함.

- design element (**디자인 엘리먼트**) 예술 형태의 주요 구성 성분. 헤어 디자인에서 디자인 요소에는 머리형, 질감, 컬러가 있음.
- design principle (**디자인 프린시플**) 사용할 디자인 요소들의 배치나 패턴, 통일, 균형들의 규칙과 표준.
- detailing (**디테일링**) 상세함, 세부적임.
- diagonal (**다이애거널**) 사선.
- diagonal forward (**다이애거널 포워드**) 얼굴을 향하는 대각선.
- diagonal left (**다이애거널 레프트**) 왼쪽으로 향하는 대각선.
- diagonal right (**다이애거널 라이트**) 오른쪽으로 향하는 대각선.
- diagram (**다이어그램**) 그림, 도해, 도표.
- diffuser (**디퓨저**) 모발의 컬이나 웨이브에 바람을 확산시킴으로 자연스런 볼륨을 형성할 수 있음.
- direction (**디렉션**) 흐름, 방향, 하나의 선이나 면이 가는 길.
- disconnection (**디스커넥션**) 단절, 불리, 차단의 뜻으로 가이드를 연결하지 않고 두상의 형태에서 영역을 나누어(1개 이상 2, 3, 4)영역을 나열하지 않고 스타일을 만드는 것.
- discord (**디스코드**) 비조화의 뜻으로 요소들 간에 최대한의 노력인 불일치 선으로 연결되는 디스커넥션보다는 작은 각도의 불일치.
- distribution (**디스트리뷰션**) 베이스 파팅과 관련되어 머리를 빗는 방향, 분배에는 자연분배, 직각 분배, 그리고 변이 분배 3가지가 있다. 머리가 빗질되는 방향, 두상의 곡면 위로 머리가 분산되는 것.
- dominance (**도미넌스**) 최대한 강조되는 부분이나 초점.
- double wind (**더블 와인드**) 이중으로 두발에 로드를 마는 것.
- down base (**다운 베이스**) 위쪽이 점점 긴 형태.
- down shape (**다운 셰이프**) 다운은 밑 방향으로, 세이프는 윤곽, 형태란 뜻. 모발의 진행 방향이 아래로 향한 형태를 만드는 것.
- down stem (**다운 스템**) 머리 줄기의 밑뿌리가 두피에 대해서 내려가 있는 상태.
- down stroke (**다운 스트로크**) 스트로크 커트로 면도날의 날 끝이 아래쪽으로 향하게 하는 커트법.
- dry air dryer(**드라이 에어 드라이어**) 건조 공기의 선회 순환을 이용하여 건조하는 드라이어.
- dry contact (**드라이 콘텍트**) 전압을 싣지 않고 접점만 보내는 것.
- dry cut (**드라이 커트**) 모발을 적시지 않고 가위나 틴닝으로 커트 시술을 하는 방법.

- **dull wave (덜 웨이브)** 활발하지 않은, 둔한, 침체되었다는 뜻으로 굴곡이 확실하지 않은 웨이브.

E

- **E. B. P. (이어 백 포인트)** 귀 뒤 점.
- **E. P. (이어 포인트)** 귀 점.
- **ear to ear line (이어 투 이어 라인)** 양쪽 귓바퀴의 위쪽 끝을 연결하는 선.
- **ear to ear part (이어 투 이어 파트)** 귀 뒤쪽에서 두부 정상을 가로질러 다른 한 쪽의 귀까지 상하로 갈라 나누는 것.
- **edge(에지)** 끝단, 칼날, 단선, 날선.
- **efile (에필)** 프랑스어로 머리를 땋을 때 머리끝을 가늘거나 엷게 한다는 뜻.
- **elegance (엘레강스)** 우아, 우미, 품격 높은, 바르고 우아함, 자연스럽게 감도는 부드러운 미.
- **element (엘리먼트)** 구성 요소나 디자인의 본질적이고 기초적인 부분.
- **elevation (엘리베이션)** 높이, 올림, 위치.
- **end fluff (엔드 플러프)** 플러프는 솜털, 푹신푹신한 느낌이란 뜻. 엔드 프러프는 머리카락의 처리를 볼륨을 주어 뜨게 하는 것. 라운드 프러프와 베이지 보이 프러프가 있다.
- **end of curl (엔드 오브 컬)** 컬 상태로 만들어진 모발의 선단 부분. 컬의 끝 부분.
- **end taper (엔드 테이퍼)** 머리끝의 1/3 부분을 가늘게 숱 쳐내는 테이퍼 기법.
- **ensemble (앙상블)** 정돈됨, 통일, 조화란 뜻, 정돈된 복장에서부터 장식품에 이르기까지 전체적으로 조화를 이룸.
- **etching(에칭)** 레이저로 짧게 긁듯이 하여 위의 모발이 짧고 아래가 길게 머리를 커트하는 레이저 커트 기법.
- **european roll brush (유러피언 롤 브러시)** 유럽에서 주로 사용하는 알루미늄 재질로 만들어진 룰 브러시.
- **expression (익스프레션)** 심적 상태와 정신적, 주체적인 것을 외면적, 감성적 형상으로 나타내는 것. 창작의 근본 작용으로 내적인 표현을 예술적 형식의 결정체로 만드는 점에서 표출과 구별되어 사용한다.
- **extended wave (익스텐디드 웨이브)** 익스텐디드는 넓은, 넓혀진이란 뜻. 웨이브를 연장한 경우, 우측으로 만 컬의 배열 다음 좌측으로 만 컬, 그 다음에 다시 우측으로 만 컬로 교차해 배열하는 방법을 말한다. 우측 컬=C(크로크 와이즈) 시계 방향, 좌측 컬

=CC(카운터 크로크 와이즈) 반 시계 방향.

- extension (**익스텐션**) 신장, 넓이, 붙이는 머리의 일종으로 머리의 길이, 양감, 다른 질감을 더하는 것, 원하는 부위에 자유스럽게 다룰 수 있는 것이 특징.
- electric iron (**일렉트릭 아이론**) 전기 모발 인두기.

F

- face line (**페이스 라인**) 사이드 코너 포인트에서 반대 사이드 코너 포인트까지 연결하는 모발이 나기 시작하는 선.
- fall (**폴**) 비달사순 커트의 패턴, 후두부에 떨어지게 손질한 머리칼의 부분.
- fan (**팬**) 송풍기.
- fantastic (**판타스틱**) 환상적인.
- feather (**페더**) 깃털과 같은 감각으로 끝마무리한 헤어 스타일.
- filter (**필터**) 디자인을 확장하고 어떤 특정한 형태를 만들기 위해 쓰이는 느슨한 섬유 뭉치.
- finger dry (**핑거 드라이**) 최근에 가장 많이 사용되는 기법으로 손으로 형틀을 잡고, 자연스럽게 움직임을 콘트롤하여 모근의 볼륨감과 머릿결의 움직임, 방향성 등을 간조할 수 있을 뿐만 아니라 자유자재로 스타일을 창출할 수 있음.
- finger shear position (**핑거 셰어 포지션**) 파팅 패턴에 따른 손가락과 커트라인의 위치.
- finger' s angle (**핑거스 앵글**) 손가락의 각도.
- formal (**포멀**) 형식의, 정식의, 의례적인.
- forward (**포워드**) 전방을 향해, 얼굴을 향해서.
- forward curl (**포워드 컬**) 귀의 외각에 따라 전방으로 말려진 컬.
- form (**폼**) 어떤 물체의 윤곽 또는 겉모습을 말하며 헤어 스타일의 3차원적인 모양과 구조.
- forum (**포럼**) 소재, 질감, 양감, 움직임 등을 가미해서 만들어진 형.
- form line tapering (**폼 라인 테이퍼링**) 머리끝에 뭉침과 무게를 덜어주어 생동감을 살려주는 머리 질감 만들기 기법.
- foundation (**파운데이션**) 토대.
- free hand' s cut (**프리 핸즈 커트**) 감각 커팅, 내추럴 상태에서 행해지며 느낌만으로 시술하는 테크닉.
- french lacing (**프렌치 레이싱**) 뒤로 빗기는 것.
- fringe (**프린지**) 앞머리 부분.

- **fontanges (퐁탕주)** 17세기 말을 장식한 대표적 머리 모양, 프랑스의 루미 14세의 애인 퐁탕주가 고안된 것으로 철사를 넣어서 정면을 넓게 만 컬의 묶음으로 장식하여 컬의 부족 부분은 가발로 메운다. 여기에 퐁탕주라고 불리는 부채꼴의 본네트를 앞 방향에 휘어진 모양으로 다는 머리 모양.
- **frontal (프론탈)** 전 두부, 앞의 (이마의).
- **frontal hair line (프론탈 헤어 라인)** 앞 얼굴 주변머리.
- **flap (플랩)** 나부끼다, 휘날리다(flutter).
- **fluff (플러프)** 보풀, 솜털, 갓난 수염.
- **full wave (풀 웨이브)** 웨이브가 후두부에 넣어 뜨려 지는 것.

G

- **geometric (지오메트릭)** 기하학적인 두부의 둥근 맛과 모발을 자르는 각도, 각도의 관련성에 따른 완성도를 이해하고, 잡아당긴 머리카락에 기하학적인 판단을 넣어서 커트하는 일.
- **geometric shape (지오메트릭 셰이프)** 직선 또는 곡선의 닫힌 윤곽.
- **gish (기시)** - 볼에 흘러 떨어지는 머리카락(애교머리) 기시라는 여배우 이름에서 유래.
- **golden point (골든 포인트)** 턱을 기준점으로 귀 옆에서 사선으로 맞닿은 교차점.
- **graduation (그레듀에이션)** 점차적 이행, 조금씩의 변화.
- **graduation bob (그레듀에이션 보브)** 단발 형태의 가벼움과 상쾌함을 표현하기 위하여 90° 미만의 각도를 사용하여 커팅한 스타일.
- **graffiti (그라피티)** 낙서의 뜻으로 엉망진창의 표현으로 사용함.
- **grove (글로브)** 작은 숲.
- **guiches (기슈)** 이마와 뺨에 걸친 애교머리.
- **guide section (가이드 섹션)** 헤어 커트 시에 첫 시술 섹션으로 다음 섹션의 기준이 됨.

H

- **hair braid (헤어 브레이드)** 모발을 땋음.
- **hair bulb (헤어 벌브)** 모근부의 최 하부.
- **hair by night (헤어 바이 나이트)** 이브닝 스타일이라고도 부르며 파티 스타일.
- **hair combing (헤어 코밍)** 모발을 빗기는 기술.

- hair conditioners **(헤어 컨디셔너)** 모발의 pH를 맞추기 위한 제품으로 헤어 린스라고 부름.
- hair dryer **(헤어 드라이어)** 모발 건조기.
- hair extension **(헤어 익스텐션)** 가모라고 하며 전체 모발을 확장시키기 위하여 모발을 두상의 부분, 혹은 전체에 붙임.
- hair form **(헤어 폼)** 디자인 형태를 잡아 주기 위해 가발, 모발 등으로 채워진 틀.
- hair grip **(헤어 그립)** 모발을 단단히 고정시키기 위한 도구.
- hair iron **(헤어 아이론)** 모발용 인두기.
- hair line **(헤어 라인)** 모발이 나기 시작한 선.
- hair liquid **(헤어 리퀴드)** 모발의 성분과 같은 액체형의 제품.
- hair mode.**(헤어 모드)** 헤어 스타일의 유행.
- hair net **(헤어 네트)** 머리의 흐트러짐을 방지하는 네트(그물).
- hair piece **(헤어 피스)** 인모 혹은 인조모로 디자인에 길이를 더하거나 컬러, 모양을 덧붙이는데 사용함.
- hair shaping **(헤어 셰이핑)** 빗으로 빗기면서 형을 만드는 것으로 컬과 웨이브를 만들기 위한 베이직 테크닉.
- hair solid **(헤어 솔리드)** 아웃 라인이 사각형 형태, 젤 스타일링제를 일컫는 말이기도 함.
- hair trim **(헤어 트림)** 모발을 가지런히 정돈하기 위해 다듬는 것.
- hair weft **(헤어 웨프트)** 머리 조각, 헤어피스와 동일.
- hand blow **(핸드 블로)** 손을 이용하여 드라이하는 것.
- handle **(핸들)** 아이론의 손잡이.
- hard line **(하드 라인)** 딱딱한 선.
- harmony **(하모니)** 한 가지 혹은 몇 가지 점에서 비슷한 단위들의 어울리는 혼합으로 모두가 다 같지는 않다, 어긋남이 없이 서로 잘 어울림.
- hand blow **(핸드 블로)** 손을 이용하여 드라이 하는 것.
- head angle **(헤드 앵글)** 두상에 의한 각도.
- head line **(헤드 라인)** 두부의 표면의 외각선.
- heart breaker **(하트 브레이커)** 17세기, 남성을 힌트로 프랑스 궁정의 여성 사이에서 유행한 머리 모양, 러브 룩과 함께 유행함, 옷깃에 걸치는 애교 머리, 좌측 사이드의 머리를 일부분 길게 늘어뜨린 것.
- heavy side **(헤비 사이드)** 머리칼을 왼쪽에서 가를 때는 오른쪽, 오른쪽에서 가를 때는 왼쪽편, 즉 머리의 양이 많은 쪽을 가리킴.

- **hem line (헴 라인)** 프론트, 사이드 네이프에서의 모발이 나기 시작한 선.
- **hippie style (히피 스타일)** 세대의 제도나 관습에 부정적인 젊은이들의 집합을 말함. 1960년대 후반, 미국에서 일어남. 장발에 비전통적 복장, 반문명적인 행동이 특징.
- **horizontal (호리존탈)** 가로로 슬라이스를 떠서 커트하는 방법.
- **horizontal slice (호리존탈 슬라이스)** 수평 슬라이스.
- **horizontal wave (호리존탈 웨이브)** 웨이브의 리지가 수평으로 되어 있는 것.
- **hydrogen bond (하이드로겐 본드)** 주사슬 중의 탄소(C)와 이중결합하고 있는 산소(O)가 다른 주사슬 중의 질소와 결합하고 있는 수소(H)와 결합된 형태.

I

- **image (이미지)** 모습, 모양, 꼴, 상징, 마음속에 그려지는 사물의 감각적인 영상, 사물의 모양을 묘사한 스타일 등에 사용
- **image line (이미지 라인)** 얼굴, 턱, 두부의 형으로부터 전체 실루엣을 정해 헤어 디자인을 위해 만드는 라인.
- **inactivate (인엑티베이트)** 비활동적인, 움직임이 없는.
- **increasing graduation (인크레싱 그레듀에이션)** 두 개의 비평행선 사이의 그래듀에이션으로 얼굴 뒤쪽으로 가면서 그래듀에이션 양이 증가함.
- **indentation line (아니덴테이션 라인)** 안으로 움푹 들어간 오목한 선.
- **individuality (인디비주얼리티)** 각 사물 또는 각 개체가 지닌 고유한 특징적 성격.
- **informal (인포멀)** 비공식적인, 정식이 아닌, 형식이 없는 것.
- **informel (앵포르멜)** 무형, 무형파, 비정형파, 이지적인 생각을 피하고 우연의 효과에 의한 작품을 정리하는 방법을 말함.
- **inside (인사이드)** 내쪽, 안쪽.
- **inside corner (인사이드 코너)** 2개의 선이 교차되는 가장 짧은 부분.
- **inside line (인사이드 라인)** 모발을 7 : 3 또는 4 : 6 으로 갈라 나누었을 때 그 가르마는 별도로 모발이 많은 쪽에 만드는 가르마.
- **inside shape (인사이드 셰이프)** 머릿 단의 안쪽에서부터 빗기는 것.
- **inside taper (인사이드 테이퍼)** 머리끝을 안쪽으로 향하게 레이저를 머리 단의 안쪽에서부터 넣어 테이퍼한 것.
- **interior (인테리어)** 두상의 크레스트 선 위, 또는 두상의 가장 넓은 부분.
- **intern (인턴)** 실습 근무, 미용을 실제적으로 훈련하는 것.

- iron perm (**아이론 펌**) 퍼머 로드 대신 아이론을 이용하여 퍼머 시술한 것.
- irregular (**일 레귤러**) 불규칙한, 정돈되지 않은.

K

- kiss curl (**키스 컬**) 17세기부터 유행한 것으로 뺨으로부터 옷깃에 걸친 애교 머리.
- knot (**노트**) 매듭, 미용에서 가닥을 묶거나 얽는 매듭 부분, 또는 토대나 베이스를 만들기 위하여 만드는 부분의 의미.

L

- lamp dryer (**램프 드라이어**) 출력이 큰 전등을 사용해서 그 열로 건조하도록 한 드라이어.
- layer (**레이어**) 위가 짧고 밑이 긴 상태로, 각도는 두피에 대해서 90° 이상의 단차가 큰 스타일.
- left part (**레프트 파트**) 왼쪽 가르마.
- life style (**라이프 스타일**) 생활 감각이 헤어 스타일, 의상, 인테리어 등에 반영되어 나타나는 것.
- line (**라인**) 선, 외형.
- locality (**로캘리티**) 지방성, 지방색, 지방의 무늬.
- long stem roller curl (**롱 스템 롤러 컬**) 스템을 길게 롤로 만 컬, 머리 다발을 두피에 대해 45° 이상으로 셰이프 하여 말음.
- loop (**루프**) 머리 가닥을 접고 구부리거나 둥글게 감아 나중에 곡선형으로 고정시킴.
- low (**로우**) 낮다는 의미.
- low wave (**로우 웨이브**) 파상이 부드러운 산 모양의 완만한 웨이브.

M

- marcel (**마셀**) 모발 인두기의 모발을 훑거나 컬을 마는 도구.
- margaret (**마가렛**) 묶는 머리의 일종, 세 개로 땋아서 큰 원을 만들고, 리본으로 장식하여 뒤에 올린 형태.
- match (**매치**) 조화된 것. 닮은 것.

- medium(**미디움**) 30° 보다 크고 60° 보다 작은 45° 가 표준 시술 각.
- meche (**메쉬**) 프랑스어의 머리의 묶음(송이), 탈색하다 란 뜻으로, 머리의 일부분을 컬러링 하는 것
- merit (**메리트**) 가치, 이점, 업적, 공훈.
- minimalism (**미니멀리즘**) 장식적인 요소는 일절 제하고 최소한으로 표현한 양식.
- mirliton (**밀리톤**) 18세기 중기, 프랑스에서 유행한 머리 모양. 정면 아웃라인은 앞머리와 사이드 머리를 짧게 하여 작은 컬을 늘어놓은 듯 만들고, 타페라고 불리는 묶는 것으로 컬을 지탱해서 꽃과 깃털의 장식을 달았다 뒤는 올려, 그 머리끝을 프런트 컬의 중간에 넣었다.
- mist (**미스트**) 수증기 형태의 물 입자.
- mobile design line (**모빌 디자인 라인**) 커트 시 사용되는 길이 가이드로서 특정 부분 전체에 걸쳐 이동하여 머리형을 만들 때 따라야 할 디자인 라인.
- mobile stationary design line (**모빌 스테이셔너리 디자인 라인**) 이동과 고정의 혼합형.
- mode (**모드**) 방법, 형식, 양식, 유행 모드는 일반적으로 패션과 동의어로 쓰인다.
- modern (**모던**) 현대적인, 근대적인.
- modulation (**모듈레이션**) 가감 조정.
- mould (**몰드**) 모양을 만들다 갖추다.
- mould look (**몰드 룩**) 가볍게 머리에 붙은 머리.
- mousse (**무스**) 거품 형태의 스타일링 제품.
- movement (**무브먼트**) 운동 움직임이 있다는 것으로 나타내는 아름다움으로 미를 만드는 하나의 요소가 된다. 작품의 선, 색채 터치가 동적으로 생기 있는 표현 효과를 나타내는 것.
- multiple design line (**멀티플 디자인 라인**) 복수 디자인 라인, 전환 레이어링 테크닉과 함께 사용되는 둘 또는 그 이상의 고정 디자인 라인.
- mushroom (**머시룸**) 버섯 모양의 모자.(여자용 밀짚모자)
- mushroom cut (**머시룸 커트**) 1962년경부터 유행하여 버섯을 엎어놓은 것 같은 실루엣의 아주 짧은 보브로 머리끝이 안쪽으로 들어감.

N

- N. P. (**네이프 포인트**) 목 점
- nape back line (**네이프 백 라인**) 이어 포인트에서 네이프 사이드 포인트까지 연결선.

- nape line (**네이프 라인**) 목 선.
- narrow wave.(**내로 웨이브**) 리지와 리지의 폭이 좁거나 커브가 급한 웨이브로 곱슬 곱슬한 머리에 가까움.
- natural fall position (**내추럴 폴 포지션**) 예상한 스타일로 자연스럽게 머리를 빗질하여 둔 상태.
- natural inversion (**내추럴 인버젼**) 센터 섹션에 대해서 평행의 슬라이스 섹션을 떠서 그 섹션을 중앙으로 모아 시술하는 것.
- natural root lift (**내추럴 루트 리프트**) 모발의 뿌리가 자연스럽게 들려지게 하는 것.
- natural shape (**내추럴 셰이프**) 자연스런 머리 흐름에 맞추어서 빗기는 것.
- neck line (**넥 라인**) - 목 선, 옷깃.
- new bishop cut (**뉴 미숍 커트**) 중세기의 비숍(승려) 커트를 기능적이고 예쁜 현대의 이미지로 표현하여 전후로 연장되는 실루엣 안에서 원점을 구하고 목덜미의 깃 닿는 부분을 올려 사이드의 직선을 강조한 스타일.
- non sex cut (**논 섹스 커트**) 일족의 유니섹스 모드로 '머리칼이란 소재에 남녀의 차이가 없다' 라고 하는 원점으로 되돌아가는 논 섹스 패션.
- non-parallel sculpting (**논-패럴렐 스커프팅**) 기본 파팅에 평행하지 않게 잡는 모든 손가락 각도.
- none stem roller curl (**논 스템 롤러 컬**) 볼륨을 내고 싶은 근원 부분까지 감은 상태.
- normal projection (**노멀 프로젝션**) 두상 위치에 따라 균일하게 90° 로 드는 유니폼 레이어형.
- normal taper (**노멀 테이퍼**) 머리끝의 소부분을 가늘게 하는 테이퍼 기법.
- notching (**노칭**) 모발 길이를 불규칙하게 만들어 내어 두껍게 떨어지는 질감을 만드는 데 사용되는 기법.
- nuance (**뉘앙스**) 색조, 농담, 음영, 그레듀에이션(선염법), 톤, 감정, 정서 등의 여러 가지 표현을 포함하여 다른 것과 조금 다른 미묘한 특색을 표현하는 것으로 개성미의 미묘한 차이가 뉘앙스의 특징.

O

- object (**오브젝트**) 예술에 있어서는 표현 작용을 향한 목표가 되는 소재, 제재 등의 총칭 한다. 객관, 객체와 거의 같은 뜻으로 사용된다.
- oblong (**오브롱**) 장방형의. 직사각형의.

- occipital (**옥시피털**) 후두부에 튀어나온 뼈를 가리킴.
- off the face (**오프 더 페이스**) 패널을 베이스의 두피선상을 벗어난 위치의 각도. 스타일 면에서는 모발을 뒤로 넘겨서 이마를 확실하게 드러내는 풀 백 스타일.
- on the base (**온 더 베이스**) 파팅된 모발을 좌우 같은 각도로 잡아 대는 방법.
- one finger projection (**원-핑거 프로젝션**) 손가락 굵기 만큼 들어주는 시술 각.
- one length cut (**원 랭스 커트**) 모발을 가로로 동일선상에 같은 길이로 가지런히 해놓은 커트 기법.
- one roll (**원 롤**) 양 귀의 후두부로부터 네이프에 따라서 밖으로 말아, 큰 롤 상으로 전체가 말린 모양. 봉 모양으로 만들어진 보조 머리를 싱으로 사용한다.
- original (**오리지널**) 원시의, 고유의, 독창적인.
- original guide line (**오리지널 가이드 라인**) 최초의 기준선.
- ornament (**오너먼트**) 장식품 장식하는 것, 목걸이나 가슴의 꽃 등.
- ostrich feather (**오스트리치 페더**) 타조 털로 만든 장식 모자나 머리장식에 사용됨.
- outline (**아웃라인**) 외형 윤곽도 사물의 대략적인 형태. 미용에서는 머리 모양의 실루엣.
- outline corner (**아웃라인 코너**) 2개의 선이 교차되는 가장 긴 부분.
- outside (**아웃사이드**) 표면 외측.
- outside line (**아웃사이드 라인**) 머리칼의 바깥쪽의 둘레를 이루는 선, 실루엣의 형을 만들어주는 선.
- outside shape (**아웃사이드 셰이프**) 머리 다발의 바깥쪽에서부터 빗기는 것.
- oval cut (**오벌 커트**) 타원형으로 깎아올리는 각진 둥근 단발머리.
- oval face (**오벌 페이스**) 달걀형의 얼굴, 오벌은 달걀형 타원형이란 뜻.
- over braid (**오버 브레이드**) 바깥 가닥을 가운데 가닥 위로 교대로 겹쳐 땋기.
- over lap (**오버 랩**) 가닥과 가닥을 겹치는 것, 두 가닥의 머리를 위아래로 다른 한 가닥의 머리로 보내 십자로 엇갈리는 효과를 만들어내는 기법.
- over braid (**오버 브레이드**) 위로 땋기. 바깥 가닥을 가운데 가닥 위로 교대로 겹치는 땋기
- over direct section (**오버 디렉트 섹션**) 어느 한 쪽을 길게 하기 위해 당기는 섹션.

P

- panache (**㊟파나시**) 깃털 장식이 가볍게 겹쳐진 듯한 스타일. 프랑스 고등미용조합(SHCF)이 1952년 추동 시즌에 발표한 것.
- panel (**패널**) 장방형 시술 시 슬라이스하여 손에 잡은 모발이 판 상태로 되어 있으므로

'패널' 이라고 한다.

- parallel (**패럴렐**) 평행의 뜻으로 다른 선이나 점으로부터 균일하게 유지해 주는 것.
- parallel graduation (**패럴렐 그레듀에이션**) 두 개의 평행선 사이의 그레듀에이션.
- part (**파트**) 머리칼을 나누는 것. 사이드 파트(side part 7:3의 비율), 센터 파트(center part, 중앙가름) 등이 있다. 가름이 없는 스타일은 노 파트(no part) 라고 한다.
- partition (**파티션**) 분할, 경계의 나눔.
- partless (**파트리스**) 모발에 나누어진 부분이 없는 것으로 노 파트라고 함.
- pattern (**패턴**) 형 유형.
- peptide bond (**펩타이드 본드**) 모발 아미노산의 주사슬.
- performance (**퍼포먼스**) 연기, 행사, 여흥성과 행위, 순서, 예술의 완결성에 대하여 어원의 기원을 두고 있는 미래파 다다이즘 등의 표현행위에 의한 것으로 우연성을 중시하는 '과정' 의 작품을 말함.
- perpendicular (**퍼펜디큘러**) 머리를 베이스 파팅에서 90° 로 빗었을 때 머리 방향.
- personality (**퍼스낼리티**) 개성, 인격.
- piggy back (**피기 백**) 굵은 로드와 가는 로드를 사용해서 로드 위에 로드를 얹어서 마는 기법
- pin curl (**핀 컬**) 핀을 사용하여 컬을 만든 것.
- pivot point (**피벗 포인트**) 컬의 기점, 회전하는 포인트, 피벗은 선회, 축, 급소, 중심점, 회전하다의 의미.
- planer sculpting (**플레너 스컬프팅**) 두상 면을 따라서 모발을 커트하는 기법.
- plastic round brush (**플라스틱 라운드 브러시**) 플라스틱 재질의 둥근 브러시.
- point cut (**포인트 컷**) 소프트함을 표현하게 위해 깊은 테크닉과 얇은 테크닉을 사용해 45° 의 각도로 모발의 양을 감소하는 방법.
- pointing (**포인팅**) 곧은 가위의 끝이 손가락에 모발 끝을 향해서 움직이는 질감 만들기 기법.
- poker face (**포커 페이스**) 무표정한 얼굴.
- polypeptide (**폴리펩타이드**) 세로로 길게 연결되어 있는 쇄상의 케라틴.
- pompadour (**㊇퐁파두르**) 이마 선으로부터 앞머리 전체를 높게 올린 스타일을 말한다. 루이 15세의 애인 퐁파두르 백작부인의 머리형에서 유래한 유명한 헤어 스타일로 오늘날에도 유행 머리의 기본형의 하나로 되어 있다. 시뇽과 함께 포멀 헤어 스타일의 대표격이다. 높이를 강조한 대표적인 머리 모양 원래는 테를 떼어서 위를 향하게 한 타운웨어 취향의 모자의 호칭이었다.

- pony tail (**포니 테일**) 1950년대에 미국의 10대 소녀들 사이에 크게 유행된 스타일로 지금도 끈질기게 인기가 거듭되고 있다. 뒷머리 부분의 머리 다발을 글자 그대로 말의 꼬리와 같이 내려진 머리형으로 주니어에게 어울리는 헤어 스타일의 기본형이다. 그 후 성인 여성의 머리형으로도 크게 발전했다. 이것도 일종의 노트 스타일이라고 할 수 있다. 머리 전체를 하나로 모아 정수리 위에 묶는 것.
- power drying (**파우어 드라잉**) 머리를 움직여서 머리끝까지 말리는 형태.
- pre-cut (**프레커트**) 미리 원하는 스타일로 시술하는 것.
- pre-dry (**프레-드라이**) 샴푸 직후 모근의 자연스러운 볼륨을 만듦과 동시에 스타일링 작업을 하기 위한 사전 시술법.
- precision cut (**프리시즌 커트**) 정확한 커트.
- pressure sculpting (**프레주어 스컬프팅**) 머리가 말랐을 때 머리가 좀 더 짧아지도록 젖은 머리에 텐션을 주어 시술하는 기법.
- processing (**프로세싱**) 과정.
- profile (**프로필**) 옆얼굴, 측면관, 약력.
- progression (**프로그레션**) 진행.
- progressive style (**프로그레시브 스타일**) 현대적인 스타일.
- projection (**프로젝션**) 머리의 곡선과 베이스 파팅에 따라 머리를 뜨는 각도.
- prong (**프롱**) 아이론의 모발이 감기는 부분.
- proportion (**프로포션**) 부분과 부분, 부분과 전체 길이의 비 들의 수량적 관계.
- proportioner relationship (**프로포셔널 릴레이션십**) 모양들 사이의 조화로운 관계 또는 균형.
- psyche knot (**사이키 노트**) 사이키는 그리스 신화 중 에로스에게 사랑 받은 미녀. 19세기 중기 이후 그녀와 닮은 머리 모양이 유행. 옷깃 가까이에 머리를 헐렁하게 비틀어 올린 헤어 스타일.
- punk style (**펑크 스타일**) 머리 정수리 쪽의 머리카락이 가볍게 위로 치켜올라가는 형.

R

- radial distribution (**레이디얼 디스트리뷰션**) 머리를 한 시작 점(중심)에서 30° 로 분배하는 방식.
- radial section (**레이디얼 섹션**) 골든 포인트를 중심으로 방사선으로 섹션을 뜨는 일.
- radiation (**레디에이션**) 방사선 상의.

- rat-tail comb (**래트 테일 콤**) 쥐의 꼬리 같이 가는 자루가 붙어있는 빗. 일반적으로 테일 콤, 링 콤 등으로 불림.
- razor cutting (**레이저 커팅**) 레이저를 사용하여 헤어 커트를 하는 테크닉, 이 방법으로 머리끝을 가늘게 할 수 있고, 웨이트의 가벼움을 조정할 수 있음.
- rectangular base (**렉탱귤러 베이스**) 두상을 가르는 방법의 일종으로 장방형인 사각형의 패널으로서 스퀘어 파트라고도 함.
- redesign (**리디자인**) 이미 디자인되어 있는 제품을 다시 개선하여 디자인하는 것.
- regeneration (**리제너레이션**) 재생된 모발.
- regent style (**리젠트 스타일**) 스타일링제를 사용하여 앞 양 사이드를 모두 뒤로 넘긴 헤어 스타일.
- repetition (**레페티션**) 구성 안에서 단위들 간의 관계를 말하며 이 단위들은 위치를 제외하고는 모든 면에서 동일함.
- reset (**리세트**) 끝마무리나 콤 아웃(comb out), 브러시 아웃 등으로 불리는 기술로 최종의 끝마무리로 재차 고치는 작업.
- reverse (**리벌스**) 얼굴에서 뒤쪽을 향함.
- rhythm (**리듬**) 운율, 박자, 일반적으로 규칙적인 반복 운동.
- rhythmical (**리드미컬**) 율동적 박자가 좋은 것.
- ridge line (**리지 라인**) 그레듀에이션형에서 두 가지 머리 질감을 나누어 주는 선.
- roll (**롤**) 스트랜드 내에서 말려지거나 감겨진 모발의 형태.
- roll brush (**롤 브러시**) 둥근 브러시, 회전 브러시.
- roll off (**롤 오프**) 로드를 떼어 내는 것.
- rolling (**롤링**) 빗 롤 브러시를 반복 회전시키는 동작.
- romanesque (**로마네스크**) 11세기 12세기 중엽에 걸쳐 유럽 전 나라에서 행해진 고대 로마의 수법에 동양적인 수법을 가미한 건축, 조각, 회화의 양식.
- romantic (**로맨틱**) 공상적, 시적인.
- romanticism (**로맨티시즘**) 낭만주의.
- rotation dry (**로테이션 드라이**) 손바닥을 사용하여 두피의 위에 모발을 돌려가며 드라이어의 열로 볼륨을 만드는 일.
- rough (**러프**) 격식 없는, 조작 없는, 거친.
- round brush blow dry (**라운드 브러시 블로 드라이**) 머리를 롤 브러시로 감아서 머리의 모근에서부터 컬을 만들어 가면서 머리끝까지 형태를 만들어가는 일.
- round shape (**라운드 셰이프**) 패널에 방향성을 주기 위해서 빗을 둥글게 움직이면서

빗기는 것.

- round side part **(라운드 사이드 파트)** 사이드 파트가 곡선을 그린 파트 라인, 라운드 파트라고도 말함.
- royal **(로열)** 왕위의, 왕가에 어울리는, 고귀한.

S

- S. P. **(사이드 포인트)** 옆 점
- sauvage **(소바쥬)** 프랑스 헤어 디자이너 쟌 루이 데이빗이 처음 시작한 머리형으로 스타일링하지 않고 야성미를 살린 머리.
- scrunch dry **(스크런치 드라이)** 머리카락을 손으로 잡아 쥐면서 열을 가해 불규칙한 텍스처와 볼륨감을 원할 때.
- sculpted texture **(스컬프티드 텍스처)** 미용 시술을 통해서 얻어진 머리 질감.
- section **(섹션)** 부분, 구분, 구획 등의 의미로부터 블로킹으로 구분한 부분, 또는 더 작게 나눈 부분.
- sectioning **(섹셔닝)** 조정을 위하여 두상을 시술하기 편한 구역으로 나누는 것.
- semi long **(세미 롱)** 숏과 롱의 중간의 머리 길이로 정돈된 머리 모양, 턱부터 약 1cm 아래로 내려온 길이.
- senior **(시니어)** 주니어에 대한 성년자란 의미. 연장자, 상급생.
- sense **(센스)** 라틴어의 센수스(감각)로부터 유래. 감각, 사려, 사물의 미묘한 느낌, 의미를 생각하는 활동.
- sensibility **(센시빌리티)** 감수성.
- set **(세트)** '정리한다' 라는 의미로 끝까지 형태를 만드는 것.
- shaggy **(샤기)** 텁수룩한 털, 복숭아 털이란 뜻으로 정돈되지 않은 듯한 자유스럽고 편안함을 갖는 질감 표현법.
- shaping **(셰이핑)** 콤으로 빗질하여 형을 만드는 일.
- side **(사이드)** 양측 두부.
- silhouette **(실루엣)** 어떤 물체나 디자인의 외부 윤곽으로 입체적인 아웃라인을 가리킴.
- single pin **(싱글 핀)** 주로 표면을 고정할 때 쓰이는 핀으로 잔머리 부분을 가볍게 눌러주거나 형태를 임시로 고정할 때도 사용하는 핀. 그러나 잔머리 부위는 시간에 따라 자국이 생기는 경우가 발생하기 때문에 사용할 때에는 주의가 필요.
- skeleton brush **(스켈톤 브러시)** vent brush 라고도 부르며 빗살이 엉성하여 부드럽고

자연스러운 빗질에 용이함.

- sleek (**슬리크**) 매끄러운 윤기 있는 웨이브나 컬 상태가 아닌 매끈하게 흐르는 머릿결의 상태.
- slice (**슬라이스**) 한 번 자른, 부분, 얇게 자른, 머리카락을 아주 적게 나누는 것. 일편, 일부분, 일정량의 모발을 엷게 뜨는 것.
- silke style (**실리크 스타일**) 슬리크는 매끈매끈하다는 듯 웨이브를 만들지 않고 깔끔하면서 산뜻한 질감의 머리 모양.
- slide cutting (**슬라이드 커팅**) 길이 차이가 급격할 때 머리가닥을 따라 미끄러뜨려 사용하는 시술 기법.
- slim silhouette (**슬림 실루엣**) 내로우 실루엣과 같은 전체를 마르게 보이게 한다.
- slithering (**슬리더링**) 가위를 사용해서 모발의 숱을 쳐내는 방법.
- small pin (**스몰 핀**) 아메리칸 핀보다는 조금 작은 사이즈로써 모발 양이 적거나 가는 모발에 적당.
- space (**스페이스**) 건축, 조형 등에 있어서 3차원적인 공간과 넓이의 의미.
- spiky (**스파이키**) 머리의 앞머리 묶음에 날카롭게 하기 위하여 앞부분을 못과 같이 날카롭게 한다는 뜻.
- spiral (**스파이럴**) 나선형 머리칼 밑부분에서 머리끝으로 나선 상태로 마는 것.
- split ends (**스플이트 앤즈**) 모 선단부를 보기 좋게 분할함.
- square (**스퀘어**) 정방형, 직각 두부의 외각을 세로, 가로 4각으로 커트하는 일.
- square part (**스퀘어 파트**) 이마의 양쪽 각에서 사이드 파트하고, 두상의 정상 가까이에서 이마의 헴 라인과 수평의 사각으로 나누는 것으로 모발 나누기 기본형의 한 종류.
- stack wind (**스테크 와인드**) 두발에 로드를 말아서 로드를 벽돌처럼 배열시키는 방법.
- stand dryer (**스탠드 드라이어**) 스탠드 식(서 있는)의 드라이어.
- stand up curl (**스탠드 업 컬**) 컬을 두피 상에 일으켜 세운 컬(직각으로).
- stem (**스템**) 줄기, 대라는 뜻으로 베이스에서 핀컬이 시작되는 모근 부분부터 고리 형태의 시작 부분인 스타일의 기둥 부분이며, 컬이나 웨이브의 뿌리 부분에 해당.
- straight (**스트레이트**) 곧은, 일직선의.
- strand (**스트랜드**) 실, 가닥의 의미로 한 줄기의 모발 묶음, 한 가닥의 모발을 말함.
- streamline (**스트림 라인**) 경사의, 유선형의 선.
- stretch drying (**스트레치 드라잉**) 손가락을 사용하여 머리의 모근을 세우고 공기를 넣는듯한 형태로 머리끝까지 형태를 만드는 방법.
- stroke cut (**스트로크 커트**) 어루만지다, 홈을 파다, 가위로 보다 모발의 길이와 양을 동

시에 구하고 싶을 때 쓰는 방법.

- stylist (**스타일리스트**) 패션쇼, 잡지, 텔레비전, 영화 등의 의상과 소품 또는 실내 장식품을 선정 코디네이터하는 세련됨을 중시하는 작가(예술상의 형식주의자를 뜻하기도 함).
- swing wave (**스윙 웨이브**) 스윙은 흔들리는, 진동한다는 뜻, 흔들리는 듯이 큰 움직임을 가진 웨이브.
- symbol (**심볼**) 상징, 표상, 기호.
- symmetric (**시메트릭**) 균형, 좌우대칭 밸런스가 통일된 것, 즉 안정감이 있는 형식.
- symmetrical (**시메트리컬**) 부분들을 배치하는 데 있어 똑같이 하는 것, 다 똑같은 균형.
- symmetry (**시메트리**) 점, 선, 면 또는 이것들로 된 형태가 어떤 기준이 되는 점이나 선, 또는 면을 중심으로 서로 맞서는 자리에 놓이는 경우.

T

- T. P. (**톱 포인트**) 꼭지점
- tail comb (**테일 콤**) 업 스타일을 하기 위한 꼬리빗은 정확히 모근(뿌리)까지 빗을 수 있고 꼬리빗 자체의 견고함이 있는 것이 좋다. 혹 꼬리빗 자체가 탄력이 좋고 부드러우며 그 탄력으로 인하여 빗 자체가 휘어지기 때문에 정확한 백 콤을 넣지 못하기 때문이다. 꼬리빗을 고르는 방법은 먼저 빗살 길이와 테일 콤의 두께에서 전체 굵기의 밸런스, 그리고 감촉과 강도 면까지 체크를 하는 것이 좋다.
- tangle (**탱글**) 모발이 얽힌 상태.
- taper cut (**테이퍼 커트**) 모발에 가벼움과 움직임을 표현하기 위해서 모든 모발을 간추려지지 않은 상태로 모발 끝을 점차적으로 가늘게 하는 시술 방법.
- teasing (**티징**) 백 코밍.
- technical (**테크니컬**) 기술적인, 전문적인.
- technique (**테크닉**) 시작부터 끝까지 기술이 행해지는 방법이나 과정.
- temple (**템플**) 성당, 신전, 관자놀이 측두부.
- tension (**텐션**) 긴장, 롤 브러시는 항상 고른 긴장력으로 회전을 해야 함.
- test curl (**테스트 컬**) 모발에 콜드 액이 어느 정도 작용하였는가를 판단하기 위해서 행하는 것.
- texture (**텍스처**) 헤어 디자인에서 보여지는 표면, 롱 헤어 디자인에서 질감의 범위는 매끈한 고리나 롤에서 움직임이 많아 모이는 땋기나 꼬기에까지 이른다.
- thermal styling (**서멀 스타일링**) 머리를 디자인하기 위해 열이 필요한 기구, 예를 들어

컬링 아이롱이나 전기 세트와 같은 기구를 사용하는 것.

- tight (**타이트**) 꽉 끼다, 틈이 없는 꽉 죄이다, 꼭 들어맞다.
- top (**톱**) 두상의 제일 꼭대기, 선단, 정상.
- top hair (**톱 헤어**) 두정부의 머리.
- toupee (**투피**) 머리, 딴머리(덧 넣는 머리).
- traffic line (**트레픽 라인**) 공간에 있어서의 인간과 물체의 움직이는 궤적.
- trend (**트랜드**) 방향, 경향.
- triangular base (**트라이앵귤러 베이스**) 삼각 베이스.
- trimming (**트리밍**) 손질하는 것, 불필요한 부분을 버리고 전체를 정리하는 등의 의미가 있다. 미용에서는 커트 기술의 하나.
- twist (**트위스트**) 하나, 둘 혹은 세 가닥의 머리를 교차하거나 꼬아서 밧줄 형태의 모양을 만들거나 똬리를 만들어 형태를 내는 방법.
- twist curl (**트위스트 컬**) 삼각 섹션을 한쪽 방향으로 꼬면서 로드에 나선형으로 와인딩하여 컬을 얻어내는 시술법.
- twist drying (**트위스트 드라잉**) 섹션을 뜰 때 트위스트시켜서 말리며, 머리 다발을 하나로 묶어서 질감을 내는 방법.
- type (**타입**) 타입, 어떤 상징을 공유하는 한 무리의 사물에 대해서 그 특징을 추출하여 이상화시킨 형식.

U

- u-pin large (**유-핀 라지**) 네지핀이라고도 부르며, 토대를 고정시킬 때 많은 양의 모발을 감추거나 임시로 형태를 고정시키고자 할 때 쓰임.
- u-pin small (**유-핀 스몰**) 오니핀, 네지핀보다 작은 사이즈로 사용 방법은 네지핀과 같지만 많은 양의 모발보다는 적은 양의 가는 모발에 사용.
- unbalance (**언밸런스**) 불균형 스타일을 디자인하는 것.
- underbridge (**언더브레이드**) 바깥 가닥을 가운데 가닥의 아래로 교차시켜 땋는 것.
- unformed (**언폼드**) 형식이 없는 것.
- unique (**유니크**) 독특한 종류가 없는.
- unisex (**유니섹스**) 모노 섹스 복장 등에서 남녀 구별이 없는 현상.
- unity (**유니티**) 많은 것을 하나로 정리하는 것, 모든 요소, 소재 또는 조건을 선택하고 정리하여 하나의 완성체로 만드는 것, 철학적으로는 여러 가지의 몇 가지 방법을 써서

하나로 보여 지게 만드는 것, 예술 작품에서는 작자의 개성이 통일의 주체가 된다.

- up (**업**) 위쪽 방향.
- up stem (**업 스템**) 두피에 대하며 120° 이상으로 말아가는 것.
- up style (**업 스타일**) 올림머리, 앉음머리, 머리 모양의 기본 중 하나. 끝부분이나 양측두부의 머리를 두정부에서 한데 합친 머리의 총칭.
- up swept style (**업 스웹트 스타일**) 빗이나 브러시로 쓸어올린다는 의미.
- utility (**유틸리티**) 유효성.

V

- variation (**베리에이션**) 동일한 형태이지만 약간씩 다른 디자인이나 기법.
- variety (**버라이어티**) 다양성, 변화.
- velocity (**벨로시티**) 모발의 길이를 3등분해서 10초 정도 열을 준다.
- vent brush (**벤트 브러시**) 방향성을 만들고 머리의 모근에 볼륨을 만들기 위해 사용하는 것으로 덴만 브러시, 스켈튼 브러시와 같은 용도로 쓰임.
- vent drying (**벤트 드라잉**) 벤트 브러시를 사용하여 방향성을 만들고 머리의 모근에 불륨을 만드는 일.
- vertical (**버티컬**) 세로.
- vertical section (**버티컬 섹션**) 수직으로 나눈.
- vertical wave (**버티컬 웨이브**) 수직 패널의 휘어진 모발.
- visual design (**비주얼 디자인**) 시각적으로 호소하는 것을 간소화하는 디자인. 신문, 잡지, 그 외의 인쇄물, 텔레비전, 영화, 사진, 사인보드 같은 대량 생산매체 등, 모든 시각적인 표현에 관한 디자인을 총칭.
- visualization (**비주얼리제이션**) 머리 안에 떠오른 이미지를 구체화하여 시각화해 표현하는 것.
- vogue (**보그**) 유행, 인기, 가장 새로운 경향.
- volume (**볼륨**) 시각을 통해서 얻어지는 부피감과 풍성한 느낌.

W

- w-style pin (**더블유 스타일 핀**) 핀을 꽂는 방법의 하나로 가장 처음에 꽂는 핀의 앞과 다음 핀의 뒷부분을 W형으로 교차시켜 가는 기법. 머리숱이 많거나 토대가 없는 경우

에 고정시키기 위한 방법으로 사용.

- **water glaze (워터 글레이즈)** 헤어 제품 중의 하나로 약간의 홀딩력을 지니고 있으며 끈적임이 많지 않은 제품이다.
- **wave iron (웨이브 아이론)** 주로 컬링 아이론이라 부르며, 라운드 형태를 하고 있다. 요즘은 플랫 아이론(flat iron)으로 웨이브를 형성하기도 한다.
- **water spray (워터 스프레이)** 물을 담고 있는 분무기.
- **wavy (웨이비)** 웨이브 진 모양.
- **weave (위브)** 한 끝에서 다른 끝까지 안과 밖을 엮으며 지나가기.
- **weight (웨이트)** 볼륨, 물체의 크기, 무게, 두께 등의 느낌, 조형 예술에서는 대상물의 실제감, 입체감을 포함함.
- **wet cut (웨트 커트)** 모발을 적셔서 커트하는 방법.
- **whispy (위스피)** 이마에 걸친 머리를 얼굴 쪽으로 말아 발랄해 보이는 머리 스타일.
- **wig (위그)** 장식용의 서양 가발.
- **winding (와인딩)** 두발에 로드를 말아 붙이는 것. 모발을 로드에 마는 기법, 랩핑(wrapping)이라고도 한다.
- **wing style (윙 스타일)** 1954년 미국의 봄부터 처음 유행한 것으로 두부 양 사이드를 새의 날개처럼 옆으로 늘어뜨리고 두정부는 평평하게 한 머리 모양.

Z

- **zigzag (지그재그)** 지그재그.
- **zodiaque (㊟조디아크)** 로코코 후기, 프랑스 루이 16세 시대에 등장한 프랑스의 머리 모양의 역사적 가장 기발한 스타일의 하나로 거대한 구체상의 머리에 전체를 조합한 것.

〈참고문헌〉

1. 모발과학. 이근광외, 수문사, 2001,

2. 미용학개론. 김계순외, 훈민사, 2001

3. 모발미용학. 이원경, 청구문화사, 1998

4. 모발과학, 이의수, 현문사, 1999

5. 미용학 개론 김혜경 외, 광문각, 2005

6. 미용미학과 미용문화사. 전선정, 청구문화사, 2001

7. 미용문화사. 정현진외, 광문각, 2004

8. 드라이론학. 지상기, 고문사, 2001

9. 모발학. 류은주, 광문각, 2002

10. 업스타일 디자인 방법론. 이상근외, 형설출판사. 2003

11. 블로우 드라이스타일 디자인 방법론. 형설출판사. 이상근외, 2005

12. C.C.C UP STYLE. 이혜정 외, 청구문화사, 2004

13. UP STYLE 총론. 지상기 외, 고문사, 2002

14. C.C.C 헤어 드라이. 국제헤어디자인 연구회, 2006

15. Stanford Moore and William H. Stein.Chromatographic determination of amino acids by the use of automatic recording equipment.Methods in Enzymology, vol. 6, 1963

16. Crewther, W. G.(Ed.), 1967, symposium on Fibrous Proteins, Camberra. London : Butterworth and Co.

17. Fraser R.D.B, Macrae T.P., RogerG.E., Karatins, their composition, structure and biosynthesis. Thomas, Springfield, 1972

18. Abraham W, Philip H, Emil LS, Robert LH, Robert L : Principles of Biochemistry. 6th ed. Tokyo, Mc Grow Hill Kogakusa, LTD, 1978

index

찾아보기

ㅇ

ㅈ

ㅊ

ㅋ

ㅌ

ㅍ

ㅎ

기타

블로드라이 & 업스타일

2007년 3월 2일 1판 1쇄 발행
2014년 3월 5일 1판 2쇄 발행

지은이: 김혜경 · 김신정 · 김정현 · 권기형 · 유선이
유의경 · 이윤주 · 송미라 · 강영숙 · 강은란
정용성

펴낸이: 박 정 태

펴낸곳: **광 문 각**

413-210
파주시 파주출판문화도시 광인사길 161
광문각 빌딩
등 록: 1991. 5. 31 제12-484호
전화(代): 031)955-8787
팩 스: 031)955-3730
E-mail: kwangmk7@hanmail.net
홈페이지: www.kwangmoonkag.co.kr

ISBN: 978-89-7093-409-9 93590

정가: 23,000원